乡村振兴·蔬菜产业培训精品教材

有机蔬菜
栽培技术手册

郑霞娟 卢英 常建平 ◎ 主编

中国农业科学技术出版社

图书在版编目（CIP）数据

有机蔬菜栽培技术手册／郑霞娟，卢英，常建平主编.—北京：中国农业科学技术出版社，2020.8（2022.3 重印）

ISBN 978-7-5116-4932-4

Ⅰ.①有… Ⅱ.①郑…②卢…③常… Ⅲ.①蔬菜园艺-无污染技术-手册 Ⅳ.①S63-62

中国版本图书馆 CIP 数据核字（2020）第 148816 号

责任编辑	崔改泵　曾小军
责任校对	马广洋

出 版 者	中国农业科学技术出版社
	北京市中关村南大街 12 号　邮编：100081
电　　话	（010）82109194（编辑室）　（010）82109702（发行部）
	（010）82109709（读者服务部）
传　　真	（010）82106650
网　　址	http://www.castp.cn
经 销 者	各地新华书店
印 刷 者	中煤（北京）印务有限公司
开　　本	850mm×1 168mm　1/32
印　　张	5.0
字　　数	140 千字
版　　次	2020 年 8 月第 1 版　2022 年 3 月第 4 次印刷
定　　价	30.80 元

◀━━ 版权所有・翻印必究 ━━▶

《有机蔬菜栽培技术手册》编委会

主　编：郑霞娟　卢　英　常建平

副主编：冉孟琴　冀立军　刘　智　孙乃利
　　　　　敖立琴　曹国涛　张春丽　张晓红
　　　　　张珊珊　张　河　田文娟　赵汉春
　　　　　赵　明　苏秀丽　卢耀忠　李道清
　　　　　李　琳　王陛臣　苗志华　王　倩
　　　　　杨　洁　徐一学　高海云　祁国良
　　　　　杨　慧　马胜坤　冯海玲　高艳华
　　　　　赵智红　汪　寒　唐慧玲　齐振荣
　　　　　齐振新　姚业妮

编　委：董忠义　杨　莉　杨　华　常　伟
　　　　　刘卫玺　宋进库　万秀云　王玉洁
　　　　　李　扬　和佳鹏　梁　华　常　新
　　　　　索良喜　刘　洁　杜雪莲　姬玉霞
　　　　　李　芳　李淑芬

前　言

蔬菜是人类生活消费的必需品，餐桌上蔬菜品种越多，越能反映居民生活殷实程度。随着人民生活水平的提高，消费安全的有机蔬菜日渐成为当今人们保护自身健康的追求。

本书依据有机农业的国家标准总则，以实际生产过程中的经验教训为点，以从菜田到餐桌的有机蔬菜生产关键节点为线，系统地对有机蔬菜栽培关键技术进行了详细阐述。

本书内容翔实、通俗易懂、技术规范、简明实用，结合生产实际，突出有机蔬菜栽培技术的先进性和可操作性，适合广大农民、家庭农场生产人员、基层农业技术推广人员阅读，也可供科研院所相关人员参考。

编　者

目 录

第一章 有机蔬菜的产地条件 …………………………… (1)
　第一节 有机蔬菜基地的选址 ………………………… (1)
　第二节 有机蔬菜基地农田基础设施的建设 ………… (4)
第二章 种植有机蔬菜的茬口安排 ……………………… (8)
　第一节 蔬菜种植的方式与茬口的安排 ……………… (8)
　第二节 怎样合理安排蔬菜茬口的衔接 ……………… (9)
第三章 土壤培肥与施肥 ………………………………… (12)
　第一节 保护地蔬菜土壤的处理 ……………………… (12)
　第二节 土壤培肥 ……………………………………… (14)
　第三节 微生物肥料及其利用 ………………………… (19)
　第四节 有机蔬菜的施肥技术 ………………………… (21)
第四章 大棚与日光温室的建造 ………………………… (26)
　第一节 日光温室的采光 ……………………………… (26)
　第二节 日光温室的保温 ……………………………… (28)
　第三节 日光温室的总体设计及建筑材料的选择 …… (30)
第五章 有机蔬菜的育苗 ………………………………… (42)
　第一节 育苗前种子和床土的准备 …………………… (42)
　第二节 苗床播种 ……………………………………… (44)
　第三节 播后管理 ……………………………………… (45)
　第四节 分苗 …………………………………………… (46)

· 1 ·

第五节　分苗后的管理 …………………………………（46）
　　第六节　定植前的秧苗锻炼 ……………………………（47）
第六章　有机蔬菜的病虫草害管理 ………………………（48）
　　第一节　农业措施防治病虫草害技术 …………………（48）
　　第二节　物理防治病虫草害技术 ………………………（55）
　　第三节　生物防治病虫害技术 …………………………（63）
　　第四节　矿物来源药剂防治技术 ………………………（81）
　　第五节　有机蔬菜土传病害流行原因与防治技术 ……（90）
　　第六节　有机蔬菜除草技术 ……………………………（93）
第七章　茄果类蔬菜有机生产技术 ………………………（100）
　　第一节　番茄 ……………………………………………（100）
　　第二节　茄子 ……………………………………………（105）
　　第三节　黄瓜 ……………………………………………（107）
　　第四节　西葫芦 …………………………………………（112）
　　第五节　西瓜 ……………………………………………（116）
　　第六节　甜瓜 ……………………………………………（117）
　　第七节　辣椒 ……………………………………………（120）
第八章　叶菜类蔬菜有机生产技术 ………………………（123）
　　第一节　长椰菜 …………………………………………（123）
　　第二节　娃娃菜 …………………………………………（124）
　　第三节　结球生菜 ………………………………………（125）
　　第四节　甘蓝 ……………………………………………（127）
　　第五节　菜心、菠菜、油麦菜 …………………………（130）
第九章　根茎类蔬菜有机生产技术 ………………………（132）
　　第一节　胡萝卜 …………………………………………（132）
　　第二节　马铃薯 …………………………………………（133）
第十章　葱蒜类蔬菜有机生产技术 ………………………（136）
　　第一节　洋葱 ……………………………………………（136）

第二节　大蒜 …………………………………（138）
　　第三节　韭菜 …………………………………（139）
第十一章　有机蔬菜产品的认证 …………………（141）
　　第一节　有机食品认证的基本要求 ……………（141）
　　第二节　有机农产品的认证程序 ………………（144）
　　第三节　有机农产品标志的管理 ………………（147）
主要参考文献 …………………………………………（148）

第一章　有机蔬菜的产地条件

第一节　有机蔬菜基地的选址

有机农业是一种农业生产模式，故原则上所有能进行常规农业生产的地方都能进行有机农业生产。

一、基地范围要求

有机蔬菜基地的土地应是完整的成片地块。

有机蔬菜基地的边界红线应明确，即在有机基地与常规地块交界处设置明显标记。以缓冲带（道路、河湖或丘陵等）与外部进行空间隔离，同时有机蔬菜生产企业应对红线范围内的生产设施和土地拥有所有权或经营权（如土地租赁合同、流转协议等证明文件），并且已按照 GB/T 19630.4 的要求建立并实施了有机生产管理体系。

二、转换期要求

生产有机蔬菜需要一定的转换期。有机蔬菜转换是指在一定的时间范围内，通过实施各种有机蔬菜生产技术，使土地全部达到有机蔬菜生产的标准要求。

转换期即从有机管理开始直到蔬菜获得有机认证之间的一段时间。

转换期的开始时间从向认证机构申请认证之日起计算，生产者在转换期间必须完全按有机生产要求操作。经 1 年有机转换后的田块中生长的蔬菜，可以作为有机转换产品销售。

一年生蔬菜的转换期至少为 2 年，转换期内应按照 GB/T 19630 的要求进行管理。

新开垦的、撂荒 3 年以上的或有充分证据证明 3 年以上未使用禁用物质的地块，也应经过至少 1 年的转换期。新标准对野生蔬菜、食用菌（土壤和覆土栽培除外）、芽苗菜可免除转换期。

已经通过有机认证的农场一旦回到化学农业生产方式，如果需要重新实行有机农业生产方式，还需要重新经过有机转换才有可能再次获得有机认证。

三、平行生产要求

"平行"指的是在同一个生产单元中种植相同品种或品种虽不相同却难以用视觉区分的情况。

为了避免与非有机蔬菜混杂和被禁用物质污染，新标准规定一年生蔬菜在同一生产基地内不能有平行生产；对多年生蔬菜，在同一生产基地内原则上也不应存在平行生产，除非生产者已经制定有机转换计划，承诺在可能的最短时间内（最多不能超过 5 年）开始对同一生产基地中相关非有机生产区域实施转换，并且采取适当措施确保从有机和非有机生产区域收获的蔬菜产品能得到严格区分。

四、缓冲带要求

缓冲带为在有机栽培和常规栽培地块之间有目的设置的、可明确界定的用来限制或阻挡临近田块的禁用物质漂移的过渡区域。

应在有机蔬菜生产基地和常规蔬菜生产基地之间设置有效的缓冲带或物理障碍物，以防止有机蔬菜生产基地受到邻近常规地块污染的影响和邻近常规地块禁用物质的漂移。保证有机生产地块不受污染。

实行有机农业的基地或企业，与外界必须有明显的边际界限，界限的设置物可以是一条宽阔的道路（非交通要道）、绿化带、河流、围墙、沟渠、藩篱等有形的物理障碍物形成的隔离带。

一般缓冲带宽度要求为8~10米。

缓冲带上种植的植物不能认证为有机产品或作为有机产品销售。

五、基地的环境条件要求

任何蔬菜在选择种植基地时，首先要考虑的是当地的生态环境是否适合种植该种作物。有机蔬菜种植也是如此，应远离城区、工矿区、交通主干线、工业污染源、生活垃圾场等，周围没有明显的和潜在的污染源，尤其是没有化工企业、水泥厂、石灰厂、矿厂、医院等。应远离动物栖息地，以免造成污染，或者因特殊情况必须在离动物栖息地近的地段，需要采取一定的隔离措施，以保证有机蔬菜基地不会受到污染。另外，有机蔬菜基地应尽量选在离城区近且交通便利、人员往来方便的地方。

土壤环境质量应符合GB 15618中的二级标准。由于农民多年来在生产中使用农药、化肥，土壤中的硝酸盐、亚硝酸盐、农药以及重金属离子（铅、镉、汞、砷、铬等）的残留都不同程度地存在。所以在有机蔬菜种植前，土壤要经过2~3年的转换期，并对有盐渍化、酸化、板结等现象的土壤进行改良。在转换期内严格控制化肥、农药的使用。

农田灌溉用水应符合GB 5084的规定，有机蔬菜生产时，对灌溉用水中铅、镉、汞、砷、铬及氟化物、氯化物、氰化物含量都要实行较高的标准。选择安排的基地要远离污染河道和污染水源，地下水源要比较充足。

环境空气质量应符合 GB 3095 中二级标准。大气中的悬浮物、二氧化硫、氮氧化物、氟化物等对有机蔬菜质量影响较大，所以在选择有机蔬菜基地时，要尽量远离公路、工厂、窑场等容易产生空气污染的地方。

六、其他要求

基地周围或基地内有较丰富的有机肥源。生产、加工、贮藏场地及周围场地均应保持清洁卫生。禁止使用化学物品。新垦基地要有长期使用权，同时要考虑其可耕性的好坏，有适宜的生产条件。另外，对基地的劳动力资源、农民的生产技术、交通运输情况也要加以考虑。

第二节 有机蔬菜基地农田基础设施的建设

有机蔬菜基地的规划设计要遵循生态工程原理，符合当地自然、社会、环境条件，其农田基础设施建设规划设计主要包括道路交通、给水排水、供电管网以及农业设施、农业机械等的规划设计。

有机蔬菜基地的农田基础设施建设应在尊重自然、尽量保持自然生态原貌的基础上，达到"路相通、渠相连、林成网、旱能灌、涝能排"的农田整治要求，并配套相应的农业设施、农业机械等。

一、道路交通规划

有机蔬菜基地的道路应分为外部交通和内部交通两类。外部交通承担着有机蔬菜基地和城市之间的客货流运输，如基地有机蔬菜生产所需要的有机肥、生物农药、种子、农膜等生产资料，以及园区生产的有机蔬菜产品都必须经过外部道路运输。

内部交通承担有机蔬菜基地内部的客货流运输，为联系各个功能分区的交通网络。一般按"主路中间、支路两边"的原则布局基地机耕路，主路要保证大中型农业机械能顺利会车，主路的净宽一般要求在 6 米以上，支路要保证大中型农业机械进出顺畅，净宽至少在 3 米以上，机耕路的建设标准为路基两边砌石，路面硬化，同时建好农机下田墩。有机蔬菜基地内部交通设计要求干道、支道、田间路和生产路相互衔接，形成网络，各级道路尽量与菜地、渠道设置相结合，尽量减少占地，并有利于农业机械操作。

二、给水排水规划

有机地块与常规地块的排灌系统应有有效的隔离措施，建立独立的水系，以保证常规农田的水不会渗透或漫入有机地块。经常会遇到的一种情况是：有机地块位于常规地块的下坡，而农场并没有采取专门的排水措施将常规地块的排水引开。解决这类问题的办法是农场采取引水措施，将常规地块排水引走；另一种办法是将有风险的地块从有机生产系统中剔除出去。

给水排水规划内容应包括现状分析、给水排水量预测、水源地选择与配套设施、给水排水方式、给水排水管网布设、污染源预测、污水处理措施，以及工程概预算等。

有机蔬菜基地的给水规划，需要区别生活（饮用）用水、生产（灌溉）用水，满足生产生活对水质的不同要求。

有机蔬菜生产供水方式尽量采用节水灌溉，露地可采用喷灌、大棚温室可采用滴灌或微喷灌等。灌溉水源可采用地下水或地表水，灌溉系统首部实行变频控制。

排水工程必须满足生活污水、生产污水和雨水排放的需要。污水排放应符合环境保护要求，生产、生活污水必须经过处理后排放，不得直接排入水体或洼地。雨水排放应有明确的引导，可以通过排水系统汇入河沟，也可蓄积作为灌溉用水。

渠道的两侧及沟底用水泥砂浆浇筑平整，或砌石后用水泥砂浆勾缝，同时建好涵管、闸等配套设施。渠道总体布局按主渠中间、支渠两边的原则，保证每块菜地都能排灌自如。

有机蔬菜基地给排水要求做到"百日无雨确保灌溉，日雨200毫米雨停地干"。

三、供电管网规划

供电规划内容应包括供电及能源现状分析、负荷预测、供电电源点、供电工程设计内容、变（配）电所（柜）设置、供电线路布设等。

有机蔬菜基地用电点主要有育苗温室大棚、杀虫灯、路灯、泵房、加工包装车间、贮藏冷库以及办公生活区等。

四、农业设施规划

农业设施是能够提供适宜的生产环境等条件，具有特定生产功能的农业生产性建筑物、构筑物和配套设备的工程系统。

这些农业设施的功能因种类不同而异，但有以下两个共同点：一是可以为各种农业生产对象提供比自然环境更加适宜的生产环境条件，为此，设施一般应具有建筑围护结构或具有围护作用的构筑物，以形成与外界相对隔离的空间，并且往往还在其内部配置可以调控环境的各种设备；二是依靠各种生产设备实现高效的生产功能，可以进行有效的生产管理和作业，高质量和高效率地完成各种生产过程。例如温室设施依靠一定的建筑围护结构和加温、通风等环境调控设备，可以为蔬菜生长提供优于室外自然环境的光照、温度、湿度、气流等条件；同时依靠室内配置的育苗设备、灌溉设备、营养液栽培设备、栽培床架和容器、输送设备等，可以高效地进行温室内的生产管理作业，使植株加速完成生长过程。

为了实现有机蔬菜生产的周年生产和供应，有机蔬菜基地规划设计时一般都要配套设计部分农业设施，如育苗温室、塑料大棚等，一般可按不低于基地面积10%的比例进行配置，具体配置比例应根据所在地区的环境条件、所种植的主要蔬菜作物及经营者的经济实力与投资水平来确定。

农业设施规划设计时应考虑基地的地理纬度、地形地貌、气候条件、栽培作物、栽培季节等，应因地制宜、规模适度、合理布局、高效利用。

五、农业机械化规划

在有机蔬菜生产的各个环节，应最大限度地使用各种机械代替人工和手工工具进行生产。如在有机蔬菜生产中，耕整机、微耕机、除草机、播种机、移栽机、直播机、覆膜机、中耕培土机、移动喷灌机、采收机、机动车辆等可用于整地作畦、精量播种、中耕培土、节水灌溉、田间管理、采收加工、包装运输等各项作业，使有机蔬菜实现全程或部分过程机械化。

此外，还可考虑循环农业生产体系的相关畜禽养殖业及其粪污无害化资源化处理等相关设施的规划设计。

第二章 种植有机蔬菜的茬口安排

第一节 蔬菜种植的方式与茬口的安排

蔬菜种植的方式有露地种植、塑料大棚和日光温室三种方式。

露地种植方式分春茬、夏秋茬、秋茬、秋种冬收茬、冬种春收茬。春茬在早春育苗,春季定植,夏末结束,收获在6—8月;夏秋茬在早春育苗,春末定植,秋末结束,收获在7—9月;秋茬在夏季育苗,夏末定植,秋末结束,收获在7—9月;秋种冬收茬在秋季定植,冬季收获,深冬结束,收获在11—12月;冬种春收茬在冬季定植,翌年春季收获,夏初结束,收获在3—5月。

塑料大棚分秋延迟、春提早、越夏栽培。秋延迟在夏季育苗,秋季定植,冬季结束,收获在10—12月;春提早在深冬育苗,翌年早春定植,夏季结束,收获在5—6月;越夏栽培在春季育苗,春末定植,秋季结束,收获在7—9月。

日光温室分秋冬茬、冬春茬、越冬一大茬。秋冬茬在夏季育苗,秋季定植,冬季结束,收获在10—12月;冬春茬在冬季育苗,翌年早春定植,夏季结束,收获在3—5月;越冬一大茬在秋末育苗,初冬定植,翌年夏初结束,收获在1—5月。适合连续采收的果菜类,品种要求耐低温、耐高温、耐弱光、抗病性强、适应性强、保护设施条件高,是高效益茬口。

第二节　怎样合理安排蔬菜茬口的衔接

一、当地的气候条件

气候条件因素主要有平均气温、积温量，冬季最低温度值，阴天、雨雪天气、晴天日数，气温高于10℃或15℃天气日数、风天日数与风向等。

二、安排所有露地、大棚和温室的蔬菜种植

根据所具有的保护地设施条件和市场蔬菜供应季节来安排所有露地、大棚和温室的蔬菜种植，根据各季节蔬菜生长过程中对光照和热量能力的需求量，以及日光温室设计的采光能力、蓄热能力和保温能力，合理安排秋冬茬、越冬茬、冬春茬、秋延日茬或春提早茬的栽培。

三、熟悉各种蔬菜对温室光照的要求

合理选择合适的蔬菜品种或种类，利用光热的自然资源安排。

例如，番茄在-2~-1℃时就要冻死，在20~25℃时生长良好，在35~40℃时过热易枯萎。这三个阶段叫作温度三基点，即最低、适宜、最高阶段温度。温室里栽培蔬菜，主要是喜温蔬菜、耐热蔬菜，其次是半耐寒蔬菜，作为倒茬或间作菜。

1. 喜温蔬菜

黄瓜、西葫芦、番茄、茄子、辣椒、菜豆，以及生菜、香菜、茴香、茼蒿、油菜、空心菜、木耳菜等叶菜，生长适温20~30℃，最高温度30~35℃，最低温度为10℃。这些作物在东北地区、内蒙古自治区（全书简称内蒙古）、新疆维吾尔自治区（全书简称新疆）、青海、西藏自治区（全书简称西藏）等

省区适合采用露地的春茬、夏秋茬，塑料大棚的秋延迟、春提早、越夏栽培和日光温室的秋冬茬、冬春茬、越冬一大茬的种植方式；在华北地区适合采用露地的春茬、夏秋茬、秋茬，塑料大棚的秋延迟、春提早、越夏栽培和日光温室的秋冬茬、冬春茬、越冬一大茬的种植方式；在长江流域适合采用露地的春茬和塑料大棚的秋延迟、春提早、越夏栽培的种植方式；在华南地区适合采用露地的春茬、夏秋茬、秋种冬收和保护地大棚的秋延迟的种植方式。

2. 耐热蔬菜

耐热蔬菜如厚皮甜瓜、冬瓜、南瓜、丝瓜、西瓜、苦瓜等耐热强，生长适温 25~30℃，最低温度 10~15℃，最高温度 40℃。这些作物在东北地区、内蒙古、新疆、青海、西藏等省区适合采用露地的春茬、夏秋茬、秋茬，塑料大棚的越夏栽培和日光温室的冬春茬的种植方式；在华北地区适合采用露地春茬、夏秋茬、秋茬，塑料大棚的越夏栽培和日光温室的冬春茬的种植方式；在长江流域适合采用露地的春茬、夏秋茬、秋茬和塑料大棚的春提早、秋延迟的种植方式；在华南地区适合采用露地的春茬、夏秋茬、秋种冬收和保护地大棚的秋延迟的种植方式。

3. 半耐寒蔬菜

半耐寒蔬菜主要有白菜、甘薯、萝卜、胡萝卜、芹菜、莴笋、芽菜、香椿等，可忍耐短时间 -2~-1℃ 的低温，生长适温 15~20℃，最高温度 20~25℃，最低温度 5~10℃。这些作物在东北地区、内蒙古、新疆、青海、西藏等省区适合采用露地的春茬、夏秋茬、秋茬，塑料大棚的秋延迟、春提早和日光温室的冬春茬、秋冬茬、越冬一大茬的种植方式；在华北地区适合采用露地的春茬、夏秋茬、秋茬、秋种冬收，塑料大棚的秋延迟、春提早和日光温室的冬春茬、秋冬茬、越冬一大茬的种植方式；在长江流域适合采用露地的春茬、夏秋茬、秋茬和塑料大棚的春提早、越夏栽培的种植方式；在华南地区适合采用露地的春茬、夏秋茬、秋茬、秋种冬收、冬种春收的种植方式。半耐寒蔬菜在一般情况下只作为温室的副茬或间作茬作物。

4. 耐寒蔬菜

菠菜、韭菜、大葱可以忍耐短期 $-10 \sim -5 ℃$ 的低温，生长适温 $15 \sim 20 ℃$，最高温度 $20 \sim 25 ℃$，最低温度 $5 \sim 7 ℃$。这些作物在东北、内蒙古、新疆、青海、西藏等地区适合采用露地的春茬、夏秋茬、冬种春收，塑料大棚的秋延迟、春提早和日光温室的冬春茬、秋冬茬、越冬一大茬的种植方式；在华北地区适合采用露地的春茬、夏秋茬、冬种秋收，塑料大棚的秋延迟、春提早和日光温室的冬春茬、秋冬茬、越冬一大茬的种植方式；在长江流域适合采用露地的春茬、秋种冬收和塑料大棚的春提早的种植方式；在华南地区适合采用露地的春茬、秋种冬收、冬种春收的种植方式。

第三章 土壤培肥与施肥

土壤具有供应和协调植物生长发育所需水分、养分、部分空气和热量的能力,这种能力被称为土壤肥力。在农田土壤管理中,应着眼于防止土壤污染和水土流失,使土壤生态系统不断地向有利于人类生存的方向转化,这也是有机农业的基本要求。

第一节 保护地蔬菜土壤的处理

在有些保护地里,常年的重茬种植,长期的高温、高湿的环境,连年大剂量地使用化肥和灌施化学农药等,对土壤的自我保护和自我修复都构成了不同程度的损害,也因此阻碍了有机蔬菜生产中现有设施的有效利用。但如果及时地对这些保护地进行有效的处理和修复,还是完全有可能达到种植有机蔬菜的标准的,从而避免农民重复建设造成投资的浪费。

另外,土壤里滋生和累积的各种真菌、细菌和病毒等病原菌以及根结线虫和地下害虫等,对农作物构成了极大的危害,这不仅严重影响蔬菜的正常生长发育,而且已成为制约提高蔬菜产量和品质的重要因素。更进一步地讲,它会导致整个生长周期的延长,使农产品面临着大幅减产,甚至绝收的境地。在许多保护地蔬菜种植的主产区,这一现象已经屡见不鲜。

当务之急,对土壤的处理刻不容缓。而近几年使用的"闷棚"方法已初见成效,但各个地区的标准还不统一。基于此,摸索出一套新的"闷棚"方法:抓住设施蔬菜换茬之机,即

6—8月高温季节，采用"高温闷棚"的方法，能有效地防止重茬的危害。"高温闷棚"不仅可以收到熟化土壤、增加有机质含量、改善土壤结构的效果，还能杀灭各种土传病菌和虫卵（蛹），收到活化土壤、清洁棚室的一举多得的效果。其主要方法如下。

一、清整棚室，清除残枝落叶

在上茬作物收获后，要及时清除病残体，铲除田间杂草，并带出棚外集中深埋或烧毁，不应"带棵闷棚"。在清理棚室的过程中，应保持棚架完好，棚膜完整、无破损。

二、施入发酵辅助物，以利于土壤温度的提高

高温发酵辅助物有玉米、小麦秸秆等，将其切成3~5厘米小段，均匀铺于棚内（可铺5~10厘米厚）。每亩还可撒施腐熟、晾干、碾碎过筛的有机肥500千克，生石灰100~200千克或石灰氮（化学名称为氰胺化钙）60~100千克。均匀撒入以上发酵物后，随即进行深耕（25~30厘米）。

三、浇水覆膜，确保"闷棚"效果

起垄挖南北沟（沟宽60厘米，沟深20~25厘米，埂宽30~40厘米）；然后大水漫灌，水面要高出地面3~5厘米；待水渗入土壤后，再用地膜整个平面覆盖并压实。

四、密闭大棚，快速升温

要关好大棚风口，盖好大棚膜，防止雨水进入，以确保棚室迅速升温，使地表下10厘米地温达到70℃以上，20厘米地温达到45℃以上。"闷棚"时间一般为10~20天；否则，长时间高温的棚内温度会损害棚膜，缩短棚膜的使用寿命。如果在秋茬更换棚膜且在"闷棚"期间使用旧棚膜，闷棚时间愈长愈好，

可以闷棚30天以上，以达到杀死深根性土传病菌和地下害虫卵（蛹）的目的。"闷棚"结束后，要及时翻耕土壤，翻耕后一般要晾晒10~15天方可迎茬种植（播种或移栽作物）。

由此可知，"高温闷棚"有以下几个优点：①能杀死大部分真菌、细菌和部分病毒；②能闷死大部分地下害虫；③能烫死部分杂草；④施入的有机肥能得到很好的腐熟；⑤增加了土壤里氮和钙的含量，降低了硝酸盐的含量；⑥有利于土壤养分的分解；⑦能提高地温，有利于培育壮苗；⑧不对土壤和蔬菜造成污染，是有机蔬菜生产的基本措施之一。

当然，把以上的方法用到露地的土壤处理上也是有效的方式。采用地膜多层覆盖的方式并结合小拱棚，地温和大棚里的积温一样高，如果把地膜处理好了，可能比棚室的温度还要高。

第二节 土壤培肥

一、有机蔬菜土壤的培肥途径

（一）扩大有机肥源，加大有机肥料的投入数量

由于种种原因，我国农业生产中的有机肥料投入比例已从新中国成立初期的100%下降到了现在的50%，有的地方甚至下降到10%以下。一是化肥施用方便快捷、效果立竿见影，而使人们逐渐淡化了对有机肥料的认识，轻视了有机肥料的投入。二是有机肥料的来源不足，常因肥粮矛盾而使绿肥种植面积逐渐减少且单产偏低，以及作物秸秆大量被改作他用，秸秆还田数量急剧减少等。有机农业是以有机肥料为基础的可持续农业，如果没有十分充足的有机肥源，一切都无从谈起。所以，必须最大限度地扩大有机肥源。

绿肥是一种完全的优质生物肥料源，以其特有的生物富集性、生物覆盖性、生物适应性，在供应养分、改良土壤和防止

土壤侵蚀等方面发挥着重要的作用。在种植绿肥前首先要按不同作物的需肥特点，合理安排好绿肥的品种结构。其次是选用优质高产对路的绿肥品种，科学种植科学管理。如接种根瘤菌、施用生物磷肥、生物钾肥等；加强绿肥对土壤的养分供应，灵活变换栽培方式，同其他作物进行轮作、间作或混作；在充分发挥绿肥多重生物功能的前提下，最大限度地提高绿肥单位面积产量。

动物性肥料一般指猪、马、牛、羊等家畜的排泄物，加上垫圈（栏）材料和食物残渣合称之为厩肥。厩肥含有作物需要的各种营养元素和丰富的有机质，施用厩肥对增加作物的产量、提高作物的品质和土壤肥力具有良好的促进作用。

沼气的残渣是优质的肥源之一。发展沼气一是可以获得优质无害的肥料，二是为农民提供生活能源，三是改善农村的环境条件。积造农家肥，能有效地防除田边地头杂草和清除房前屋后的动植物废物、厨余垃圾等，既能增加有机肥源又能整治农民的居住环境，是一项一举多得的农业措施，值得大力提倡。

秸秆中含有大量的有机质和矿质养分，也是优质的有机肥料来源之一。秸秆还田的方式很多，主要有"过腹"还田、堆沤还田和直接还田几种。秸秆还田和草覆盖技术，能有效地改良土壤的理化性质，是提高土壤肥力和物质再循环利用的良好方式。

（二）加强生物肥料的施用研究，提高生物肥料的施用技术

生物肥料在这里指的是微生物肥料。如根瘤菌、硅酸盐细菌、放线菌等。微生物肥料不污染环境，具有固氮、解磷、解钾和促进有机肥料分解以及增加土壤中有益微生物菌群数量，改善作物营养条件，刺激作物生长发育，抵抗病虫危害，发挥土壤潜在肥力等多种作用。但是，微生物肥料的作用效果常会因施用的作物和土壤环境不同、施用方法不当而表现出较大的差异。因此，怎样简化和普及生物肥料的施用技术，发挥生物肥料的最大作用，还需要加大研究的力度。

（三）利用蚯蚓培肥

适当增加耕地蚯蚓的数量有很多优点，它能吞食土壤中的枯枝落叶和还田的秸秆，促进未腐解的有机质腐解，加速有机肥料养分的释放。蚯蚓的活动能疏松土壤，增加土壤孔隙度。死亡的蚯蚓还是含氮很高的动物蛋白，分解后又是很好的含氮肥料。所以，适当增加土壤中蚯蚓的数量有利于土壤的间接培肥。

（四）合理施用单质矿物性肥料

由于不同的作物需肥规律不同，仅靠有机肥料调节是不够的，还需要补充一定数量的无机矿物性肥料，如对需钾较多的作物补充矿物性钾肥，对需磷量较大的作物补施磷矿粉或煅烧性磷肥等。另外，石膏、石灰、白云石等矿物经过处理之后，可根据不同作物和不同的土壤条件进行合理的施用，以保证土壤肥力的平衡。

二、有机蔬菜土壤的培肥技术

（一）根据有机肥的特性进行施肥

有机肥料的种类繁多，常见的有人畜粪尿、厩肥、堆肥、沤肥、作物秸秆、山草、绿肥、饼肥、沼肥和腐殖质肥料等。人畜粪尿和沼液为速效性肥料，其余均为迟效性肥料，各种有机肥料的养分含量和性质差别很大，在施用时必须注意以下事项。

（1）各类有机肥料除直接还田的作物秸秆外，一般需要经过堆沤处理，使其充分腐熟之后才能施入土壤，特别是饼肥、鸡粪等高热量有机肥尤其要注意这一点，以防烧苗。

（2）人粪尿是含氮量较高的速效有机肥，适合作追肥使用。但因其含有寄生虫卵和一些致病微生物，还含有较多的氯化钠

(食盐)。所以在施用前要经过无害化处理,而且要视作物施用,如在忌氯作物上施用过多,往往会导致品质下降,如使烤烟品质下降和燃烧性变差、生姜的辣味变淡、瓜果的味道变酸等。另外,人粪尿中的有机质含量较低,不易在土壤中积累,磷、钾元素的含量也不足。因此,长期单一施用人粪尿的土壤必须配施一定量的厩肥、堆肥、沤肥等富含有机质的肥料,以保证土壤养分的平衡供应。

(3)堆肥、沤肥、沼渣肥等含有大量的腐殖质,适合培肥土壤。但因其中还有大量尚未完全腐烂分解的有机物质,所以这些肥料宜作基肥施用,不宜作为追肥施用。

(4)作物秸秆和山草是一类高纤维含量的有机肥料,来源十分广泛。用秸秆或山草作肥料时,一是要提前施用;二是要切短施用;三是要配合一定数量的鲜嫩绿肥或腐熟人粪尿施用,以缩小碳氮比和满足微生物繁殖时的氮素之需,并在早期补充磷肥;四是要同土壤充分混匀并保持充足的水分供应;五是土壤一次翻压秸秆或山草的数量不能太多,以免在分解时产生过量有机酸损害作物根系;六是不能将病虫害严重或污染严重地带的作物秸秆或山草直接还田(可堆沤发酵后还田),以免造成病虫蔓延或土壤污染。

(5)草木灰含有5%~10%的氧化钾,呈碱性,不能同腐熟的人粪尿、厩肥混合施用或贮藏,以免降低肥效。

(6)泥炭又称草炭或泥煤,富含有机质和腐殖质,但其酸度大,含有较高的活性铁和活性铝,分解程度较低,一般不直接作肥料施用,常用作基肥或牲畜的垫圈材料。腐植酸类有机肥则广泛存在于埋藏较浅的风化煤、煤、煤矸石和石煤之中。土壤改良剂、叶面肥料、抗旱防冻保护剂等,在瘠薄土壤中的叶菜类、块根、块茎类和禾本科作物上施用效果好,而在油菜、棉花和菜豆等作物上施用效果较差。

（二）根据作物品种特性和生长规律进行施肥

不同作物所需养分不同，如土豆、甜菜、番茄比禾本科作物需要更多的钾素营养，瓜果类作物需要较多的磷、钙、硼元素营养，豆科作物需要较多的磷、钾、钙、钼元素营养，叶用蔬菜、茶、桑等作物需要较多的氮素营养。在制订有机农业培肥计划时，首先要明确所用有机肥源中 N、P、K 和微量元素的含量情况，了解肥料的当季利用率和不同作物的需肥规律。在一般情况下，采用以 N 定 P、定 K 再定中微量营养元素的配方施肥方法，有了足够的氮、磷、钾元素大多能满足作物生长的需要。如是喜磷喜钾作物，可配施一定数量的骨粉、磷矿粉、矿物钾肥、富钾绿肥或草木灰进行补充。作物对营养的最大利用期，是在作物生长最快或营养生长和生殖生长并进的时期。这时作物需肥量大，对肥料的利用率高，此时要在施用基肥的基础上追肥，以保证作物对营养的需要。可采用迟效有机肥同速效有机肥相结合，基肥、种肥、追肥相结合的方法施肥。

（三）根据土壤性质施肥

土壤性质即土壤的物理性质和化学性质，包括土壤水分、温度、通气性、酸碱反应、土壤耕性、土壤的供肥、保肥能力以及土壤微生物状况。沙性土壤团粒结构差，吸附力弱，保肥能力差，但通气状况好，好氧微生物活动频繁，养分分解速度快，故施肥时要多施沼渣肥和土杂肥改良土壤结构，提高土壤的保肥能力。黏重土壤通透性较差，微生物的活动较弱，养分分解速度慢，耕性差，但保肥能力强，故施肥时要多施切短的秸秆、山草和厩肥类、泥炭类有机肥料，改善土壤的通透状况，增加土壤的团粒结构，提高土壤对作物的供肥能力。强酸性土壤可适当地施些石灰，强碱性土壤则可施些石膏粉或硫黄粉进行调节。

(四) 合理轮作、间作，提高土壤自身的培肥能力

合理轮作、间作，可增加土壤的生物多样性、培肥地力、防止病虫草害的发生。如果同一块地连年种植同一种作物，就会造成同种代谢物质的积累或因某种养分的缺乏而产生"重茬病"。豆科作物或豆科牧草同其他作物轮作或间作，豆科作物的根瘤菌不但可以固定土壤中的氮素，增加土壤氮素营养，而且收获后残留的根系和根瘤还可增加土壤中的有机质。山地果园间作牧草或豆科绿肥，不仅能有效地防止果园土壤侵蚀，抑制杂草的生长，还能有效地培肥地力。另外，果园种植豆科绿肥或牧草发展养殖业，既能提高果园的土地利用率，又能促进园内能量循环和提高果园土壤的培肥水平。

(五) 进行灌水处理

灌水处理兼有土壤消毒和除盐的作用。即在闲置期进行大水漫灌，使土壤保持还原状态，可杀菌除盐。注意在灌水后要保持流动水才有除盐作用。

(六) 防止土壤污染

在有机农业土壤的培肥过程中，防止土壤污染是一大关键环节。常见的土壤污染途径主要有施肥污染、水源污染、大气污染和土壤底值中的有害重金属物质超标污染。在生产中要坚持不用未经无害化处理的人粪尿、城市垃圾和有害物质超标的矿物质肥料，不用污染水灌溉。最好选择远离城市、土壤有害物质底值不超标的地带发展有机农业生产，并设立隔离区防止污染。

第三节 微生物肥料及其利用

微生物肥料俗称细菌肥料，简称菌肥，是活体肥料。它的作用主要靠它含有的大量有益微生物的生命活动来完成。只有当这些有益微生物处于旺盛的繁殖和新陈代谢的情况下，物质

转化和有益代谢产物才能不断地形成。微生物肥料对农业生产起着重要的作用，这不仅体现在改善土壤养分供应状况，而且体现在对作物生长的促进、抗病性和抗逆性增强、产量提高、品质改善等方面。

一、微生物肥料的作用特点

（1）提高肥料利用率，改良土壤。
（2）促进有机蔬菜发展。
（3）促进生长发育，提高产品品质。
（4）提高抗逆能力。
（5）促进环保。

二、微生物肥料的种类

根据微生物肥料对改善植物营养元素的不同，可分为5类，即根瘤菌肥料、固氮菌肥料、磷细菌肥料、硅酸盐细菌肥料、复合微生物肥料。

1. 根瘤菌肥料

根瘤菌肥料是一类好氧的革兰氏阴性细菌，它通过豆科植物的根毛，从土壤侵入根内，形成根瘤。根瘤菌肥料一般以草炭为载体，而且每公顷每年仅用750~7 500克根瘤菌肥拌种，不存在重金属的危害。

2. 固氮菌肥料

固氮菌是一种好氧、腐生的中温型细菌。它能利用土壤中有机化合物为能源，独立地将空气中的分子态氮转化为有机态氮，增加土壤中的氮素含量，为作物生长提供氮素营养。同时，其代谢产物含有维生素物质，可以促进植物生长。

3. 硅酸盐细菌肥料

钾细菌能分解长石、云母等矿物，使其中难溶性矿物中的钾转化为植物能吸收利用的有效钾，同时也能分解磷矿石中的磷，使其成为有效态磷。

4. 磷细菌肥料

磷细菌是指具有强烈分解含磷有机物、无机物或促进磷素有效化作用的细菌。磷细菌在生命的活动中除具有解磷的特性外，尚能形成维生素、异生长素和类赤霉素一类的刺激性物质，对作物的生长有刺激作用。

5. 复合微生物肥料

复合微生物肥料是指特定微生物与营养质复合而成，能提供、保持或改善植物营养，提高农产品产量或改善农产品品质的活体微生物制品。

凡是没有生物拮抗作用的菌肥都可组成复合菌肥使用。复合微生物肥料按剂型不同分为液体、固体和颗粒三种。

复合微生物肥料一般配合有机肥料作基肥施用。

第四节 有机蔬菜的施肥技术

一、蔬菜的肥料吸收特点

（1）蔬菜喜肥，是需要多肥性作物。蔬菜对养分吸收量比稻谷类作物大得多。与小麦相比，吸氮高40%以上，吸磷高20%以上，吸钾高1.92倍，吸钙高4.3倍。加上蔬菜产量高，周年茬口多，要求较肥沃的土壤条件，而缺肥对蔬菜产量和质量的影响也要比一般大田作物大得多。

（2）蔬菜根系吸肥能力强。

（3）蔬菜属于喜氮肥作物，对铵态氮肥敏感，对硝态氮肥（如硝酸钠、硝酸钙）吸收快，提高产量显著。但是过量施硝态氮肥，蔬菜体内易累积大量硝酸盐，人过量食用后会转化成亚硝肽，亚硝肽会危害人体健康。如果铵氮肥（如硫酸铵、碳酸氢铵、氯化铵）摄入得过多，会发生严重生育障碍。所以在蔬菜栽培中，应注意各种状态氮肥的比例，铵态氮肥一般不宜超过氮肥总施肥量的 1/4~1/3。

（4）蔬菜根系呼吸需氧量高。土壤通气状况的好坏，对根系形态的吸收功能有很大的影响。蔬菜栽培上，中耕是一项重要的田间管理技术环节。

（5）多数蔬菜吸钾量大。茄果类、瓜类、根菜类、结球叶菜类等蔬菜吸收的矿质元素中，在各种矿质肥料里面，钾素营养占第一位。

（6）蔬菜喜钙，吸硼量高于其他作物，还会富集土壤中各种矿质元素，因此含有大量重金属盐的城镇垃圾，不能在菜田里作为肥料用。

二、有机农业对农田施肥的需求

有机农业是一个整体的生产管理系统，其中包括生物多样性、生物循环和土壤生物活性的健康发展。它强调更多地使用管理措施，少用农场以外的物质投入，根据区域特点来发展与当地条件相应的生产系统。

在这样的生产系统中必须安排多年的轮作制度，在轮作中应栽植豆科植物、绿肥或深根作物，通过这些作物培肥地力，消除杂草，保持土壤的可持续利用。

有机农业的施肥指导原则如下。

（1）农作物对营养物质的需要主要依靠轮作体系中的豆科作物、绿肥和深根作物培肥地力所得，其不足之量才通过施肥满足。

（2）农田施肥所需的肥料应优先从自己的农场或有机农业园区获得。

（3）需要采购市场供应的肥料时，这些肥料必须有相关部门批准的证件。

（4）有机肥料过量施用也会使土壤条件恶化，污染地表和地下水。所以，在有机肥料施用总量上应该有所控制，在有污染危险的情况下，认证机构应制定标准以限制动物肥料的过度使用（国际有机农业运动联盟基本标准）。

在这样的施肥指导原则下，有机农业的农田土壤管理应该可以达到如下目的。

（1）加强整个系统内的生物多样性。

（2）提高土壤生物活性。

（3）保持并提高土壤肥力。

（4）使动植物废弃物得以循环利用，使养分归还土壤，最大限度地降低不可再生资源的消耗。

（5）将各种可以导致污染和水土流失的因素降低到最小程度，保护土壤、水和大气环境。

三、有机蔬菜中的肥料

有机蔬菜生产中使用的肥料以有机肥料为主，可以配合使用一些不经化学处理的矿质肥料。有机肥料中大量含碳物质如纤维素、半纤维素、各种醇类等是微生物生命活动的能源，也是土壤腐殖质的基本骨架，这是任何化肥所不能替代的。有机肥料中所含养分大都是有机态的，需经微生物分解才能被作物吸收利用，所以养分释放慢，肥效时间长。有机肥料中养分种类多、营养较全面是其优点。有机肥料的不足之处是养分含量较低、施用量大、运输成本高。有机农业生产系统中，有机肥料应以"自积、自造、自用"的"三自"原则为主，减少市场采购量以降低成本。有机肥料的一个缺点是氮磷钾养分含量不完全是平衡的。如很多饼肥氮含量较高而钾含量较低，若单一施用就很难满足作物，特别是蔬菜的需要。常用的鸡粪、猪粪氮磷含量大致在1∶1左右，满足作物对氮的需要时，磷素就会过量。北京郊区大量施用有机肥料的菜地，土壤有机磷的过度积累，造成营养障碍，可见，把有机农业看成是大量施用有机肥料的农业是一大误区。在有机农业园区中设计好一个轮作系统，茬口安排中插入1~2年的豆科作物或绿肥，再加一茬深根作物以加强土壤深层养分的释放将是有机农业园区植物营养的主要途径，其目的不是片面追求高产，而在于保持农作物稳产、优质的同时发展一个良性的生态系统。

有机蔬菜基地所用的有机肥除本园区自己生产的畜禽粪、绿肥、作物秸秆外，其他需要采购于市场的有机和矿物肥料都需要有相关机构的认证并取得允许销售的许可证。例如，日本有机农业标准规定此类有机肥料不能加入化学合成物质，联合国有机农业标准规定不允许施用来自工厂化养殖的家禽粪便。

有机农业中允许使用的无机肥料主要是一些矿物肥料，如磷矿粉、天然钾盐和天然碳酸钙等，或用物理方法制取的矿物肥料，如钙镁磷肥等。另外，作为土壤改良材料，可以用石灰和石膏等。由于某些有机肥料所含钾的数量不足，补充一些无机钾肥是很重要的。由于这些矿物肥料大多是难溶的，所以在施用时最好作为基肥。

1. 施肥原则

在培肥土壤的基础上，通过土壤微生物的作用来供给作物养分，要求以有机肥为主，辅以生物肥料，并适当种植绿肥作物培肥土壤。

2. 可选的肥料种类

（1）农家肥，如堆肥、厩肥、沼气肥、绿肥、作物秸秆、泥肥、饼肥等。

（2）生物菌肥，包括腐植酸类肥料、根瘤菌肥料、磷细菌肥料、复合微生物肥料等。

（3）绿肥作物，如草木樨、紫云英、田菁、柽麻、紫花苜蓿等。

（4）有机复合肥，如益利来活性（生物）有机肥、丰一牌有机复合肥、八达岭牌生物有机肥、绿太阳液肥、亿安神力等。

(5) 其他有机生产产生的废料，如骨粉、氨基酸残渣、家畜加工废料、糖厂废料等。

四、应注意的问题

人粪尿及厩肥要充分发酵腐熟，最好通过生物菌沤制，并且追肥后要浇清水冲洗。另外，人粪尿含氮高，在薯类、瓜类及甜菜等作物上不宜过多施用。

秸秆类肥料在矿化过程中易于引起土壤缺氧，并产生植物毒素，要求在作物播种或移栽前及早翻压入土。

有机复合肥一般为长效性肥料，在施用时，最好配施农家肥，以提高肥效。

五、施用方法

基肥：结合整地每亩（1亩≈667平方米。全书同）施腐熟的厩肥或生物堆肥3 000~5 000千克，有条件的可使用有机复合肥作种肥，如用益利来活性（生物）有机肥100千克、丰一牌有机复合肥60~70千克。方法是在移栽或播种前，开沟条施或穴施在种子或幼苗下面，施肥深度以5~10厘米较好，注意中间要隔土，以防烧苗。

追肥：追肥分土壤施肥和叶面施肥。土壤追肥主要是在蔬菜旺盛生长期结合浇水、培土等进行追施，主要使用人粪尿及生物普利肥等。叶面施肥可在苗期、生长期选取生物有机叶面肥，如得利500倍液、亿安神力500倍液喷洒，每隔7~10天喷1次，连喷2~3次。绿肥一般都在花期翻压，深度10~20厘米，用量1 000~1 500千克/亩，可根据绿肥的分解速度，确定翻压时间。

另外，还应根据肥料特点及不同的土壤性质、不同的蔬菜种类和不同的生长发育期灵活搭配，科学施用，才能有效培肥土壤，提高作物产量和品质。

第四章　大棚与日光温室的建造

设施农业产出大、效益好，是发展现代农业的一个大方向，同时其科技含量高，技术要求也高，投入资金又多。这样，对一般农民朋友来说，风险和难度都很大。因此，在投入的时候一定要谨慎，在多方考察后，因地制宜，结合自身的经济状况合理地规划和建设。

第一节　日光温室的采光

阳光是绿色植物进行光合作用不可缺少的能源，也是日光温室的主要热源。因此，建造日光温室首先要解决好采光问题，最大限度地使阳光透射到温室内部。

一、方位与采光

我国北方地区的日光温室主要是在冬、春、秋三季使用。冬季太阳高度较低，日出在东南，日落在西南。因此，在冬季为了最大限度地利用阳光，日光温室多采用坐北朝南、东西延长的方位。

实践证明，北纬40°以北的中高纬度地区，冬季早晨外界气温很低，在早晨提前揭开草帘后，偏东温室室内温度往往明显下降。不过，早晨外界温度不很低的地区，温室方位偏东是可行的。在严寒地区，日光温室的方位以偏西为好，这样有利于延长和确保午后的光照时间和夜间保温效果。但无论是偏东还是偏西，均以5°为宜，不宜超过10°。中午时候在地上立一根竿子，不断地画出它的影子。当影子最短时，记录下此时影子的方向，也就是正北方向。找出正南、正北后，南北延长作为基线。画出一条垂直线找出正东、正西作东西延长基线。最后确定温室的具体方位。

温室大棚采光屋面参考角，主要是指由屋脊至温室前沿连线与水平面的夹角。温室大棚经济实用的采光屋面参考角的大小，应在有利于增加采光量、节省建造成本、适当增加温室跨度、提高设施利用率的原则下加以确定。根据试验和实地测算，温室大棚采光屋面参考角以 23°～26°为宜。纬度高、冬季温度低的地区，采光屋面参考角可适当大些；纬度低、冬季温度高的地区，采光屋面参考角可适当小些。

二、前屋面角度与采光

当光线入射角由 0°增大到 40°时，对透明材料的透光率影响不大，光量的反射损失率只有几个百分点；当入射角在 40°～60°内变化时，透光率随入射角的增大呈显著下降趋势；当入射角大于 60°时，透光率呈急剧下降趋势。

所以，40°入射角或 50°投射角是影响透明材料透光率大小的临界点。因此，在日光温室建造技术发展的初期，便把冬至日太阳对温室采光面的最大投射角达到 50°采光屋面角度定为合理采光屋面角。

三、采光屋面形状与采光

目前，各地日光温室采光屋面的水平投影长度占温室跨度的比例为 2/3～6/7，很不一致。短后坡、采光屋面所占比例大的温室采光较好；而长后坡、采光屋面所占比例小的，虽然在中、高纬度地区冬至前后采光比较充分，但随着太阳高度角的不断升高，温室北部的弱光区日益扩大，该处因缺少直射阳光，难以种植作物，大大降低了室内的土地利用率。

第二节 日光温室的保温

一、温度条件与日光温室蔬菜生产

1. 温度和光合作用

番茄、辣椒、茄子等喜温蔬菜,在10℃左右的低温条件下不能进行光合作用,但温度升高到一定程度时,由于呼吸作用增强,光合强度下降,光合产物积累减少。

2. 温度和光合产物的运转

白天叶片中的光合产物多而迅速地向产品器官运转。果菜类蔬菜叶片中的淀粉转化为糖,通过筛管流向根、茎和果实。番茄的光合产物白天的运转量占2/3~3/4,夜间占1/4~1/3。

3. 温度和作物呼吸

温度高,作物呼吸旺盛。在高温条件下,白天形成的光合产物被作为基质用于呼吸作用而消耗掉,从而使光合产物的积累减少。因此,日光温室蔬菜生产,前半夜应保持较高的温度,以确保光合产物的运转;后半夜给予低温,以降低呼吸消耗。这就是变温管理。

4. 地温的作用

地温主要是通过根系的生长及活性影响养分和水分的吸收,同时对土壤微生物的活动发生作用。温室生产的果菜类蔬菜所需适宜地温相差不多,一般在15~25℃,最高温在38℃以下,最低温在12℃以上。

5. 生育适温和温度管理

日光温室蔬菜生产中,为了避免高温危害,许多作物都应注意适时通风换气以保证生育适温。为了防止低温危害,应特别注意加强日光温室夜间的保温,不使作物经受连续几天的最低界限温度。否则,轻者作物生长发育受到抑制,果实畸形,产量下降；重者引起叶片坏死甚至整个植株死亡。

二、日光温室的保温结构及保温措施

建造日光温室时，必须注意保温结构的合理设计，尽量减少热量损失。日光温室的热量支出，主要有温室覆膜（维护）表面的贯流放热、室内土壤的地中传热和通过缝隙或通风的缝隙放热三条途径。要提高日光温室的保温性能，就必须尽量减少这三项热量支出，特别要减少贯流放热量。

1. 前屋面

前屋面是日光温室的采光部位，也是主要的散热部位。因此，夜间要选择保温性能好的材料进行覆盖。目前主要是用草帘和纸被覆盖。草帘由蒲草或稻草编成，一般宽1.2~1.5米、长5~7米。编得紧实的稻草帘比蒲草帘保温效果好。

2. 后墙及山墙

这是寒风侵袭的主要部位，因此墙体不仅要起承重作用，还要有蓄热隔热的保温作用。目前建墙材料主要是黏土、砖或石头。用土筑墙，可就地取材，降低成本，墙体的保温性能也好。用石头砌墙，墙体的保温性能不好，但在墙后培土可解决保温不良的问题。

3. 后屋面

后屋面也是寒风侵袭的部位，应该用导热系数小的材料构成复合结构的保温层。在北纬40°地区，后坡保温层由下列材料和层次构成：第一层，用玉米秸、高粱秸或稻草铺垫在檩木上做房箔；第二层，拌两遍草泥，中间夹一层地膜或旧棚膜，并与后墙连成一体，防止透风；第三层，堆放30~40厘米厚的乱草；第四层，铺整捆玉米秸或高粱秸。这样的后坡几乎是绝热层，严冬季节保温效果很好。但在中、低纬度地区，由于冬季温度相对较高，后坡防寒层就不必做得这样厚了。

4. 防寒沟

即在温室南屋面底脚下挖一条宽 30~40 厘米、深 40~60 厘米的沟，内填草或密封隔寒。这是防止地中传热的主要措施，一般可使温室内近沟处的地温提高 2~3℃。防寒沟顶部要压一层 15 厘米厚的黏土，并向南倾斜，以防雨水流入沟内。

5. 温室内设保温天幕或小拱棚

这是内保温的主要措施。保温天幕最好是用无纺布，既能保温，又能搭湿，白天揭，夜间盖，早晨温室内气温可以提高 2~3℃。在此基础上，地面再扣小拱棚，温度又可提高 3~4℃。

6. 在温室一头设作业间

这样做既可以存放农具和便于休息，又可在寒冷季节防止冷风直接吹入温室，起缓冲作用。

第三节 日光温室的总体设计及建筑材料的选择

日光温室的总体设计应在保证良好采光和保温的前提下进行，必须着重处理好跨度、高度、前后屋面角度、墙体和后屋面的厚度以及前后屋面的水平投影长度比等五项参数，同时应选择好骨架材料、墙体和后屋面等维护结构材料，以及透明、不透明保温覆盖材料。

一、日光温室的总体设计方案

1. 跨度

跨度是指自温室南侧底脚起至北墙内侧之间的宽度，一般为 6~7 米。这样的跨度，配之以一定的屋脊高度，可以保证前屋面有较为合理的采光角度，保证蔬菜作物有较大的生长空间和较便利的作业条件，同时也便于建筑材料的选择和夜间的覆盖保温管理。如果加大跨度而不相应地增加屋脊高度，势必使前屋顶角度变小而不利于采光，也会给揭盖草帘等作业带来不便；如果相应地增加屋脊高度，又会使温室的空间过大，使保温比（室内水平面积/覆盖表面积）变小，不利于保温，而且使造价提高。从各地经验来看，在北纬43°以北、冬季最低温度经常在-20℃以下的地区，跨度以6米为宜；在北纬40°以南、冬季气温较高的地区，跨度以7米为宜。

2. 高度

高度是指屋脊至地面的距离，也叫脊高或矢高。高度不是指中柱高，因为中柱不在柁头处，柁的粗细也不一样，一般中柱高度比脊高低。跨度相等的温室，高度不同将直接影响温室内空间大小和保温比。高度适宜可增大前屋面采光角度，有利于白天采光，空间大、热容量也大，过高，会使保温比变小，散热面积增加，不利于保温；过低，会使前屋面角度变小，减少太阳辐射的入射量，虽然保温比加大了，但权衡起来，弊大于利。各地的经验证明，在加强温室保温能力的前提下，6米跨度的日光温室，高度为2.7~2.8米为宜；7米跨度的日光温室，高度以3.1米为宜。

3. 前后屋面角度

前屋面角是指前屋面（即塑料薄膜屋面）与地平面的夹角。前屋面角度是否合理，对于日光温室采光量大小具有重要意义。前屋面角度越大，冬季温室接受太阳辐射越多。前屋面角度随纬度升高而加大，也就是高纬度地区冬季利用的日光温室要增大前屋面角度，以便最大限度地接受太阳光线。当然，前屋面角度也并非愈大愈好，要结合温室整体结构、造型以及使用面积、空间合理与否来加以考虑。一般来说，在北纬40°以南地区，一斜一立式的日光温室前屋面角度应保持在23°~25°；北纬40°以北地区，角度应保持在25°以上。拱圆形温室的前屋面底脚处的切线角应达到60°左右，拱架中段南段起点处的切线角应达到30%拱架上段南墙起点处的切线角应达到20°左右。

日光温室后屋面角即后屋面与地平面的夹角，决定于屋脊与后墙的高差和后屋面的水平投影长度。若脊高和后屋面的水平投影长度已定，则后墙愈矮，后屋面角度愈大；反之则愈小。后屋面角度大于当地冬至太阳高度角时，可使它在冬至前后中午接受直射阳光。这样的后屋面，既可吸收、贮存热量，又可向温室北部地面和作物上反射光线，增加该处的光照度。为了能够在冬至前后有较长时间起到这种作用，后屋面的仰角最好大于当地冬至太阳高度角 7°~8°。这样，就可使后屋面在 11 月上旬（立冬）至次年 2 月上旬（立春）之间中午前后接受直射阳光。

4. 墙体和后屋面的厚度

普通型日光温室，墙体和后屋面保温蓄热能力差，冬季夜间室内外最低温度差只有 10~15℃。而高效节能型日光温室由于加强了墙体和后屋面的保温蓄热性能，白天得到的热量只有一少部分透过墙体和后屋面散失到室外，大部分热量则蓄积在地中、墙体和后屋面，到夜间再传递到室内，使室内外最低温度的差值达到 25~30℃。

为了增强墙体和后屋面的保温蓄热能力，一是内层要选择蓄热系数大、外层选择热导率小的建筑材料，二是要加大墙体和后屋面的厚度。目前，各地主要还是根据当地冬季的外界气温状况来确定墙体和后屋面的结构和厚度。在北纬 35°左右的地区，土墙（包括防寒土）厚度以 0.8~1 米为宜；北纬 40°左右的地区，墙体厚度以 1~1.5 米为宜。保温能力不够时，可在墙外堆培秸秆、乱草等。

至于后屋面的厚度，由于各地使用的建筑材料不相同，差别较大，对于高效节能型日光温室来说，若采用保温性能好的秸秆、草泥、稻壳、高粱壳、玉米外皮及稻草等组成后屋面，则其总厚度可在 40~70 厘米之间，低纬度地区可以薄一些，高纬度地区则必须厚一些。

5. 后屋面水平投影长度

在温室跨度已定的条件下，后屋面水平投影长度大小实质上就决定了前后屋面投影宽度的比例。目前，生产中的高效节能日光温室后屋面大体有两种类型：一种是长后坡式，前后屋面的投影长度比约为 2∶1；另一种是短后坡式，前后屋面的投影长度比为 (4~5)∶1。

进行冬季生产的高效节能型日光温室，保温良好的后屋面是必需的。由于后屋面的传热系数远比前屋面小，因此后坡长度不等的温室变化不尽一致。长后坡的温室白天升温较慢，夜间降温也慢，清晨揭帘前温度稍高些；反之，短后坡的温室，白天升温很快，晚间降温也快，清晨揭帘前温度稍低些。因此，北纬 40°以北的地区，6 米跨度的日光温室，后屋面不宜太短，其水平投影长度以 1.4~1.5 米为宜；北纬 40°以南的地区，7 米跨度的日光温室，后屋面水平投影长度不宜小于 1.2 米。为了既有利于温室严冬季节保温，又有利于春秋时采光，冬季严寒地区可在温室中脊处设置一段活动后坡。当太阳高度角增大、天气转暖、温室后部出现弱光带时，再将这段活动后坡拆掉。这样，既加强了温室冬季的保温效果，又不影响春秋的采光，有利于蔬菜作物的生长。

6. 温室的长度

如果一栋温室过短（20 米以下），山墙遮阴面积占温室总面积比重大，对作物生长和产量的不利影响大，而且单位面积造价提高；反之，一栋温室过长（如 100 米），不仅温度不易控制，室内管理不便，温室的维护也比较困难，产品、生产资料的运输等作业也不方便。因此，温室长度以 50~60 米为宜，也就是 15~20 间为一栋。

7. 通风口

通风换气是日光温室蔬菜生产中重要而又经常性的一项管理工作，其主要作用是降温、排湿、补充二氧化碳，有时还利用通风换气排除有害气体。通风换气主要依靠在温室前屋面上开通风口进行自然通风，即借助热力（热空气比重轻，因而向上流动）或风力达到室内外空气交换的目的。通风口通常分上、下两排，上排通风口设在屋脊处，排气能力最强，主要是向外排出湿热空气，但开张较大时，也可由此渗入部分冷空气，如果温度过低，可能使接近通风口的作物遭受冷害；下排通风口主要起进气作用，为了防止贴地冷空气（扫地风）直接进入温室内，下排通风口不可设置得太低，多设在距地面约1米高处。

通风口的开设方法有2种：一种方法是在近脊处隔3米左右在薄膜上设一直径30~40厘米、高约50厘米的塑料薄膜通风筒。用放风筒放风，通风量较小，外界气温高的季节，降温效果较差。另一种方法是扒缝放风。上排通风口是在放风时将屋脊处的薄膜扒开，不通风时拉严。下排透气口是在覆盖薄膜前先将薄膜粘接或接合成上下两大片，下片宽1~1.5米，在扣膜时上片叠压在下片上边约20厘米，然后再在膜上压好压膜线，使两片薄膜之间没有缝隙，需要放风时，从两块薄膜搭缝处用手扒开，变成一条通风道。这种放风方法薄膜不易受损，风量大小可通过扒缝大小来调节，通风作业速度快，是一种较好的通风方法。下通风口也可做成卷轴形式，开闭方便。

通风口也可分三个位置开设。第一处是顶风口，设在温室脊部，可用通风筒，也可用扒缝放风法，是冬季及早春就开始使用的通风口。第二处是距肩部1米多处的扒缝放风口，天气转暖需要放大风时开启使用。第三处是底风口，是在温室前屋面底脚处将薄膜扒开撩起放风。底风口必须在外界夜间最低温度稳定在15℃以上时使用，肩风口也不要启用太早，以免带入病原菌和遭受低温危害。

二、大棚和日光温室的形式和材料构成

1. 小拱棚的建造

小拱棚是用塑料薄膜覆盖在竹竿、铁丝等支架上搭成的小

型拱形设施。小拱棚一般高1米左右，宽1.5~3米，长10~30米，或依地块实际情况设置长宽而建设。一般单个棚的总体面积在30~150平方米。按照各地区的地理和气候情况，小拱棚分为拱圆小棚、半拱圆小棚和双斜面小棚三种形式。

2. 塑料大棚的建设

塑料大棚室（东北、内蒙古、新疆、西藏、青海以及华北地区也称为冷棚），指用塑料薄膜作为覆盖材料的简易单栋拱圆形保护地设施。一般高2.5~3米，宽6~12米，长30~70米。其因构造简单、组装方便、单位面积成本低等优势，已成为目前我国农村保护地蔬菜等生产中广泛应用的种植设施。而最初的用竹木材料搭建骨架的形式，逐渐被钢筋焊合桁架、装配式镀锌钢管骨架或无支柱树脂骨架等形式所取代。

3. 东北、内蒙古、新疆、西藏、青海以及华北地区等的日光温室建设

结构一般是高后墙、短后坡日光温室。

按照墙体和建造方式的不同，分为砖砌空心墙式和土墙下挖式两大类型。

（1）砖砌空心墙式日光温室。室内跨度8~12米，其中后跨1~1.5米，前跨7~10.5米，脊高3.9~4.2米，后墙高2.6~3米，后屋面（即后坡）仰角45°~47°。

墙体具有承重、隔热、蓄热功能。砖砌空心墙内墙宽为37厘米，外墙为24厘米，中间留有20~30厘米的空心，可随砌墙随填珍珠岩，或安放10厘米聚苯板。为使墙体坚固，内外墙体之间可每隔3米砌砖垛，连接内外墙，也可用水泥预制板拉连。

后屋面（即后坡）具有承重、隔热、蓄热、防雨雪等功能，应由蓄热材料、隔热材料、防漏材料组成，总厚度应达到50~60厘米。用于越冬喜温蔬菜栽培的新建和改建日光温室，不能忽视后屋面的建造和作用。室内跨度若加大，则应加强温室抗压能力。若用钢架结构，可在前后屋面交界处（即脊高处）设

一排立柱，并在前屋面距前沿 3 米处设一排活动立柱（夏季拆除），以防大雪压垮温室前屋面。

（2）土墙下挖式日光温室。土墙下挖式日光温室的突出特点是建造成本低、保温效果好。建造土墙下挖式日光温室必须具备土层深厚、土质均匀、地下水位低等基本条件。而且，土墙厚度、下挖深度和温室跨度应当适度。

室内跨度 8~11 米，其中后跨 0.8~1.5 米，前跨 7.2~9.5 米，脊高 4.2~4.5 米（从室内地面算起），下挖 0.5~1 米；土墙底宽 4~5 米，土墙上宽 1.5~2 米，后墙高 3~3.5 米，后屋面仰角 45°~50°。因温室跨度加大，应合理安排立柱，以加强抗风雪能力。

特别注意的是，在沙质土壤上不宜建造土墙下挖式日光温室，原因是土墙遇大雨被水浸后易坍塌。若要建造，则应在内墙砌砖墙，在外墙覆盖塑料薄膜防雨，以免雨水浸墙而造成墙体倒塌。否则，整个大棚的损失会非常惨重。

另外，在建土墙下挖式日光温室时，为避免下挖过深造成前沿遮阴，可将温室前 3 米宽的地面下挖 0.8 米左右，将土填入温室内或用作墙土。温室前的地面下挖后，可显著增加温室的入射光，减少前墙遮阴。为便于冬季雪天温室上的积雪下滑和雨季雨后排水，在温室前 0~3 米宽的地面下挖 0.8 米的基础上，可于距温室前沿 1.5~3 米处，再下挖 0.5~1 米深的渗（排）水沟，并使沟底低于温室内地平面。这样，即使在冬季下 20 毫米深的雪，在雨季下 40 毫米深的雨，温室内也不会积水。

三、日光温室的建造材料与保温补温、补光设施

（一）温室骨架

温室骨架是指承载前屋面和后屋面的支撑架构。因所用材料不同，目前主要有水泥预制件（用作立柱、后横梁）、钢架（用作主拱梁）、竹木（用作副拱梁）混合结构；全钢架结构，

即整个骨架由钢材组成，无立柱或仅有一排立柱，后横梁与拱梁连为一体。

骨架材料断面越大，采光面光透过率越小。现有建筑材料中，钢管做骨架的，断面最小，遮光率少；木框次之，水泥预制件最差。前檐（马杠）和前柱对光照有明显影响，因此要尽量减小其断面面积，或不设前檐和前柱。竹木结构的日光温室，由于骨架材料强度低，因此材料的截面面积往往较大，造成较多的遮阴。特别是由于必须设置支柱、横梁等建材，因而更加大了遮阴面积，降低了透光率。因此，在日光温室设计中，应尽量使用强度大、截面面积小的建材，特别是应尽量避免使用像腰檐等较粗大的东西作为建材。

钢结构大棚是用钢管或其他钢材造型后做成下方上圆拱形的大棚，有一定经济基础的可以搭建此类大棚。一般单拱宽度为10~18米，可以多拱相连。单栋钢管大棚顶高2.6~3.5米，跨度10~18米，长度不限（最好为100~200米），通风口高度1.5~2米，钢管间距2~3米。这样的规格主要考虑大棚的抗风雪和保温性能。单栋钢管大棚一般造价为每平方米20~40元。棚架使用年限10~15年，不能拆卸。

竹木结构大棚所选用的毛竹根据所建造的大棚形状不同而有所不同，可以建成拱棚。一般根部直径在8~15厘米，长度为5~10米的毛竹都可以选用。

水泥柱结构大棚耐用、结实、抗老化。水泥棚架使用年限为10~15年，广泛种植辣椒、番茄、土豆、茄子、黄瓜、豆角、芸豆等。大棚的建造方法简便，建造费用相对较低，建议可以重点考虑。

目前，有些地方采用一些有机化工原料加工生产大棚骨架。这种骨架有造价低、成型好、耐腐蚀等多种优点，是各种大棚骨架材料的理想替代品。还有一种复合材料大棚就是用水泥预制件代替竹木结构大棚内面的支撑木柱或竹柱，上面还是用毛竹做拱。这样做的好处是折旧成本低、抗风性能好、抗腐蚀能力强。竹（木）拱杆可以拆卸保存，使用年限2~3年。但并不是说竹木大棚就一定好，而是从经济实用的角度来考虑。

需要提醒一下，无论是什么棚，在加盖薄膜前一定要再仔细地检查一遍。如果发现有不光滑的地方则要用废旧薄膜或者布条包裹好，有铁丝尖向上会挂破薄膜的要拉到铁丝尖向下并处理好，要求做到上好薄膜后不得有损坏的地方。

不论采用什么结构，其骨架的荷载量必须能够承受当地最大风速、最大降雪量、不透明覆盖物（草苫、保温被）淋湿的重量和作物吊蔓荷载，以及使用卷帘机后的压力等。在水泥预制件、钢架、竹木混合结构中，应适当缩小立柱间的横向间距，在钢架竹木混合结构和全钢架结构中，于距温室前沿3米处设一排活动立柱，备雪天使用，可显著增强抗风雪能力。

（二）草苫与保温被

草苫仍是目前最常见的、效果较好的不透明覆盖材料。草苫厚度按重量计算应达到每平方米4~5千克；草苫宽度一般为1.5米，现已有宽度达2.5~3米的宽草苫。虽然保温被的重量比草苫要轻得多，但目前大多数的保温被制作技术比较落后，用料的价格很低廉，质量也很粗劣，因此其保温性能尚不及草苫，而价格却比草苫高得多。所以，农民朋友除了在一些高效作物上舍得投资用些优质的保温被外，多数的农户感觉还是用草苫比较经济实惠。

（三）卷帘机

卷帘机卷苫能够减轻劳动强度，提高劳动效率，减少卷草苫所用的时间，故能延长温室内蔬菜作物的光照时间，有利于提高作物产量。目前，卷帘机逐步由曲臂式（又称推拉式）向桥梁式转变。

桥梁式卷帘机的主要优点：一是草苫（或保温被）磨损差一些，草苫出现断线、开裂等情况明显减少，故草苫使用寿命能够延长1~2年；二是在使用桥梁式卷帘机过程中，草苫不易发生位置移动，草苫覆盖严密，省下了草苫位置移动整理的用工。

（四）防雨、雪薄膜

日光温室覆盖草苫（或保温被）后，为防下雨淋湿草苫和下雪天便于扫雪，应在草苫上再盖一层塑料薄膜。过去农民多用旧棚膜，近几年多用厚度为0.08~0.1毫米的黑白双色膜（黑色面朝外）。双色膜的优点：一是能减少夜间温室内的热能散失，避免大风吹起草苫；二是便于雪天清扫积雪，因黑色膜在阳光照射下积雪融化快，便于从防雪膜上滑下，故利于清扫积雪；三是能防止下雨或下雪时淋湿草苫，利于保持草苫的保温性能，并防止草苫淋湿后增加对温室的压力而使温室变形，甚至倒塌。

（五）出入口防风膜与通风口防雨膜

为防冬季冷风由温室门口吹入室内，最好能建温室的缓冲间小房；若不建小房，则应在背风向阳处用薄膜、草苫建造能够封闭的出入口。在缓冲小房或出入口进入温室的迎面处应吊挂薄膜，以防止人员进入温室时的冷风直接吹拂室内作物。

在日光温室北部顶端通风口下方斜挂一小幅塑料薄膜，其作用是：夏季可以防止通风口的雨水直接淋到蔬菜作物上，因而可减少病害发生；冬季通风时，室外冷空气不会直接吹到作物上，有利于作物的正常生长。

四、日光温室覆盖材料

我国北方地区的日光温室，基本上都是采用塑料薄膜作为采光屋面的透明覆盖材料。选择和使用好的塑料薄膜对日光温室的采光有直接的影响。

塑料薄膜的透光率因其所用树脂原料、助剂种类、质量、数量、厚薄及其均匀程度、是否具有无滴性等情况而有很大差别。因此，塑料棚膜可分为：聚乙烯棚膜（PE膜）、聚氯乙烯棚膜（PVC膜，因为在有机蔬菜的生产中禁止使用聚氯乙烯棚膜，所以本章就不对此进行描述了）、乙酸—醋酸乙烯共聚棚膜（EVA膜）和PO棚膜。

1. 聚乙烯棚膜

厚度为0.1~0.12毫米，柔软、易造型，有地膜和棚膜两种，保温性、耐候性差，作为棚膜时须加入耐老化剂、无滴剂等助剂。种类分为：

（1）普通PE膜。吹塑的白膜，寿命4~6个月。

（2）PE防老化膜。加入防老化助剂吹塑而成，厚度0.08~0.12毫米，长寿膜寿命12~18个月。

（3）PE无滴防老化膜（双防农膜）。加入耐老化和无滴助剂，吹塑或三层共挤，保温透光，防雾滴效果2~4个月，使用寿命12~18个月。

（4）PE保温膜。加入无机保温剂，阻止红外线向大气中辐射，保温效果好。

（5）PE多功能复合膜。加入耐老化剂、无滴剂，三层共挤，具有无滴、保温、长寿、耐候等特征，可提高紫外线透过率，使用寿命12~18个月。

2. 乙烯—醋酸乙烯共聚物树脂棚膜（EVA）

这是新型大棚膜，其特点是保温性、透光性、耐候性强，可使作物增产10%，使用寿命2年以上。种类分为：

（1）EVA三层复合无滴长寿棚膜（三层复合为外长寿、中保温、内无滴层），适用于秋冬或早春茬日光温室。

（2）EVA三层复合防雾棚膜：添加防雾剂，适用于果菜类作物的日光温室。

（3）EVA 三层复合防病棚膜：添加有害光吸收剂，特别是防止病菌孢子形成，对蚜虫、菌核病、灰霉病、白粉虱有防治效果，促进光合作用，延长衰老过程。

3. PO 膜

PO 膜就是聚烯烃，通常指乙烯、丙烯或高级烯烃的聚合物，其中以乙烯（PE）、丙烯（PP）最为重要。

第五章 有机蔬菜的育苗

育苗时期的早晚取决于蔬菜种类、栽培方式、育苗设施的性能、育苗方法和要求达到的苗龄等诸多因素。在制订育苗计划时,只有综合考虑这些育苗因素的影响,合理确定育苗期,才能达到早熟、高产、优质和高效栽培的目的;否则,可能导致栽培效果不好,甚至失败。

第一节 育苗前种子和床土的准备

一、播种前的种子检验

这一检验是对种子的品种、品质及数量进行检验。种子最好选择市场销路好、常规保持系的本地的老品种,因为这些老品种经过许多年的栽培,已经适应了当地的气候与土壤环境,在抗病、抗重茬、抗逆等方面已经接受了时间和实践的考验。对水肥的需求量,它远远低于各种杂交品种。另外,自己留的种子可以避免许多外来的各种病虫害的传播与侵染。但其不利因素,就是保持系的品种不高产,这也是许多保持系的老品种种子在商业利益面前被杂交种子逐渐取代的主要原因,有些老品种已经处在灭绝或濒临灭绝的境地。

二、播种前的种子处理

播种前的种子处理是蔬菜育苗的重要技术环节之一,其主要目的和作用是提高种子的利用价值、促进萌发、促进生育、预防病虫害等。

处理方法主要有提高种子纯净度、种子消毒、浸种、催芽、干热处理、药剂处理、低温和变温处理等。

（1）种子的药液消毒处理方法。用高锰酸钾 1 000 倍液浸泡处理 15~20 分钟。

（2）干热处理方法。干热消毒法多用于番茄。先晒种子，再将种子放入 70~73℃ 烘箱中烘烤 4 天，取出后催芽，可防治番茄溃疡病。

（3）恒温处理方法。将种子放入 55℃ 水里，不断搅拌，直到水的温度降到室温为止。

（4）低温处理方法。把浸泡后刚萌动（吐白）的种子放在 0℃ 左右（-1~1℃）的低温条件下处理 5~7 天。

（5）浸种、催芽和变温处理方法。将种子浸泡在常温的水里 10~12 小时，每隔半个小时搓洗一次种子，目的是为了把种子外壳的黏液除掉，以加快吸收水分和种子的呼吸。然后，用清水清洗干净，稍晾后，将种子完全包于经过消毒的湿布中，放于 30℃ 左右的环境里。如果有时间，可以采取变温处理，就是将种子放置在 30℃ 左右的环境里 16 个小时，接着在 10~20℃ 的环境里放置 8 小时，经过如此低温、变温锻炼的种子，能使胚芽的原生质黏度发生适应低温的变化，从而使原生质的持水力增强，故能增强瓜类、茄果类等喜温蔬菜秧苗的抗寒力，直到出芽为止。这样变温萌发的芽，整齐而粗壮，并可加快生长发育速度，使生育期提早；尤其是苗期根系抗低温能力增强，进而提早瓜、茄果类蔬菜的开花结果期，提高早期产量。

三、育苗床土的准备

床土是供给秧苗生长发育所需要的水分、营养和空气的基础，幼苗生长发育的好坏与床土的质量有着密切的关系。优良的床土应当是肥沃、温暖、松软、细致、富含有机质的土壤，以有机质含量10%以上、床土pH值6~6.5为宜。培育壮苗必须用腐熟的有机肥料与田土按比例配制的床土，还要对床土进行消毒，防治苗期病虫害。消毒常用的生物药剂有苦参碱、阿维菌素、印楝素、苏云金杆菌、乙蒜素、氨基寡糖素、硫黄等。

播种床土配方按照当地现有的土肥资源进行科学配比（按体积计算）：

(1) 40%园土，20%河泥，30%腐熟厩肥，10%草木灰。

(2) 1/2腐熟草炭，1/2肥沃园土。

(3) 3/5腐熟有机质堆肥，2/5园土。

第二节 苗床播种

一、做床浇底水

普通地床，畦宽1~1.2米，装入床土，整畦耙平，浇透底水（应用多孔喷壶多次重复喷洒，以防止板结）。

二、播种

茄子、辣椒、番茄、甘蓝、黄瓜、冬瓜、丝瓜等通常都是催芽后播种，种子宜在催芽"露白"时就播，多采用撒播、点播或条播。播种不能过深，以防止覆土过厚而导致出苗困难。

三、盖种

播种后多用床土覆盖种子，而且要立即覆盖，以防晒干种子和底水蒸发过多。盖土厚度依不同蔬菜种子大小而异，一般覆盖0.5~1.5厘米。如盖土过薄，床土易干，出苗易"戴帽"；如盖土过厚，出苗延迟。

四、覆盖地膜

盖土后应当立即用地膜覆盖床面,保温保湿,直至苗拱土时才撤掉薄膜。

第三节 播后管理

播后管理包括出苗期管理和小苗期管理。这一阶段是育苗管理的关键时期,主要根据气候条件的变化和秧苗出土、生长对环境条件的要求,控制苗床的生态环境。

一、出苗期的管理

播种至出苗这段时期为出苗期。这一阶段主要是胚根和胚轴生长,以维持适宜土温最重要。苗床播种盖地膜后,塑料大棚一般不要通风。若设施保温性能不佳,夜间还要加温。喜温蔬菜控制在25~28℃,耐寒性和半耐寒性蔬菜应控制在20~25℃。土壤温度白天稍高,夜间稍低,可通过气温提高土温。当芽大量拱土时,要及时撤掉地膜,防止烤伤芽。如果撤地膜后,土壤干燥,应当轻轻喷水,使土壤保持湿润,防止出土"戴帽"。

番茄和黄瓜播种至第1片真叶出现,一般为5~7天。此阶段生长量小、速度缓慢,需较高的温湿度和充足的光照,以促进及早出苗、出苗整齐,防止徒长。

黄瓜从第1片真叶出现至第4~5片真叶展开,一般需要30~35天的时间。此阶段开始花芽分化,但生长中心仍为根、茎、叶等营养器官,节间较短,叶柄与主蔓的夹角为45°,叶色深绿,叶片肥厚,茎粗壮,根系发达,要求无病虫害。管理目标为促控相结合,培育壮苗。

二、小苗期管理

出苗至两三片真叶展开为小苗期。这是幼苗易徒长时期，管理工作以培育壮苗为中心，保证小苗在适宜的条件下生长。喜温蔬菜，白天气温 25~28℃，夜间气温 15~17℃；耐寒蔬菜，白天气温 20~22℃，夜间气温 10~12℃，随外界气温逐渐升高可适当加大放风量。对易徒长的甘蓝、番茄等不要小水勤浇，应在干燥时浇透水，随后尽量减少浇水次数，以防徒长。茄子、辣椒等不易徒长，以保持土表有 0.5 厘米左右的干燥层，干燥层以下保持土壤湿润，空气湿度控制在 60%~70% 为宜。喜温性果菜类蔬菜低温高湿环境下易得猝倒病，而喜冷凉蔬菜高温高湿环境下易发猝倒病，要通过温湿度调节预防病害的发生。

第四节 分 苗

分苗是在育苗过程中的移植，主要目的是扩大幼苗的营养面积。移植时，由于根系受到损伤，对幼苗生长和果菜类蔬菜花芽分化有抑制作用；然而，根系受损伤后能刺激侧根发生，使幼苗根系比较集中；通过分苗还可以防止苗期病害的蔓延。根系再生能力弱的蔬菜一般不移植，分苗一般在两三片真叶期进行。分苗前一天把原苗床浇透水，选在晴天移栽，分苗的同时去除劣质苗。

第五节 分苗后的管理

一、缓苗期的管理

每次分苗后几乎都有 3 天以上的缓苗期，主要是恢复根系，而新根的发生要求有较高的地温，因此缓苗期要注意适当提高苗床温度，尤其是地温。喜温蔬菜地温不能低于 18~20℃，耐寒性蔬菜地温相应低 3~5℃，早春塑料大棚分苗后可采用保温措施。

二、成苗期的管理

缓苗后至幼苗定植前为成苗期。本期内随着秧苗生理机能的恢复和增强，以及温度逐渐升高等，秧苗生长逐渐加快，管理不当易出现徒长苗或老化苗。成苗期管理任务是保证秧苗稳健生长，争取培育壮苗。

分苗后幼苗心叶开始生长，地下部又生出白色新根，这说明已缓苗，即秧苗成活，但真正完全缓苗还要有一个老根被新根代替的过程。缓苗后，表土干燥，可喷一次缓苗水，促进幼苗生长，水量不宜大，以润透床土为宜。幼苗旺盛生长期温度不能高，控温不控水，既防徒长又保证秧苗有较大生长量。若控温又控水，易出现老化苗。控温主要是控制夜温，偏低的夜温能促进茄果类蔬菜的花芽分化和瓜类蔬菜的雌花分化；但不能长期低于 10℃，否则果菜类蔬菜的花芽分化及发育会受影响。甘蓝、芹菜等不能长期连续有 4~5℃ 低温，否则易引起花芽分化，定植后未熟抽薹。

第六节　定植前的秧苗锻炼

炼苗的措施是降温控水，定植前 5~7 天逐渐加大育苗设施的通风量，降温排湿，少浇水，特别是降低夜温，加大昼夜温差；定植前 2~3 天，大棚两侧大通风。在此期间严格预防雨水淋入苗床，否则会造成幼苗再次旺盛生长，降低幼苗质量及定植成活率。

第六章 有机蔬菜的病虫草害管理

第一节 农业措施防治病虫草害技术

蔬菜病虫害防治的农业措施即通过栽培、管理措施，优化蔬菜生长发育的环境条件，促进蔬菜健壮生长，提高蔬菜抗逆性；恶化病虫害繁殖、传播的环境条件，控制病虫害滋生繁殖、扩散蔓延，这种方法又称为绿色防控的生态调控技术。

一、轮作倒茬

各种病虫均有一定的适宜生态条件，在适宜病虫发生的状态下，经过一定时间的累积，才会越积越多，危及作物的生长，作物抗性减弱，也易诱发病虫害。当病虫赖以生存的环境条件在不可容忍的时间内发生巨变，可消除由连作带来的病虫积累（含作物分泌的有毒物质、盐渍化累积），预防作物受害或中毒。

通常通过水旱轮作栽培消毒法，中断病虫害与某些连作作物的寄生关系，在生产不休闲（或休闲）的状态下完成减灭病虫害、有毒物质，清洗累积的盐渍化物质，起到修复健康栽培条件的土壤环境。如在连续种植蔬菜、瓜果的保护地中，每间隔2~3年种植一次水生蔬菜（茭白、慈姑、莲藕）或水稻，能有效减轻土传病害的发生，杀灭旱地杂草种子、减轻盐渍化危害等。粮菜轮作，瓜类、茄果类蔬菜与葱、蒜、芹菜、甘蓝等轮作，可减轻猝倒病、立枯病、枯萎病、溃疡病、青枯病、疫病和各种线虫病等土传病害。葱、蒜茬种大白菜，可以减轻软腐病。由于后茬作物生长良好，所增的产量、产值均可补回，还可节省较多的防病治虫的人工成本和农药成本，农药残留也可得到较好的控制。

二、清洁田园

蔬菜采收后，清收和处理各种农业生产废弃物，改善田园生态环境。播种、定植前彻底清除前茬作物的残枝败叶及田埂、沟渠、地边杂草等病虫寄主。生产过程中应及时拔除受害严重的植株，摘除病虫为害严重的叶片、果实，清理田园中的农药瓶（袋）、肥料包装袋、废旧农膜等农业生产垃圾，消除病（虫）源及病虫害的滋生场所，改善田园生态环境。

如白菜霜霉病以卵孢子的形式在病叶内越冬，辣椒炭疽病菌在病残体的果实上越冬，清除这些病残体对减少下一个生长季节病原物的初侵染源起着重要的作用。田边、路旁、沟渠、荒地等都是杂草容易"栖息"和生长的地方，是农田杂草的重要来源之一。农田杂草特别是多年生杂草多是一些病原物及害虫的主要栖息地，尤其是病毒病，杂草既可作为毒源植物，又可作为传播病毒的蚜虫等害虫的寄主。如黄瓜花叶病毒的越冬杂草寄主有反枝苋、荠菜、刺儿菜等。这些杂草在春季发芽后，有翅蚜虫将病毒传到辣椒、番茄等蔬菜作物上。因此，铲除农田杂草，可以减少病毒病的初侵染来源及传播介体，对病毒病的控制具有重要的意义。

对蔬菜采收后的残体无害化处理，可通过多种方式实现，以杀灭残体中携带的各种病菌和害虫，减少病虫的初始来源。举例如下。

（1）废旧棚膜覆盖高温密闭堆沤。在田间地头选择高于地面能够直接被阳光照射的平坦地块，将植株残体集中堆放后覆盖透明塑料膜，四周用土压实，塑料膜有破损的需用透明胶带补好，保证阳光直接照射，进行高温密闭堆沤，春夏秋季均可完全杀灭蔬菜残体所带的病虫。

（2）臭氧农业垃圾处理装置快速处理。利用移动式臭氧农业垃圾处理装置，对拉秧蔬菜等带病虫的植物残体进行就地快速无害化处理。利用该装置在棚室附近将拉秧后带病虫的植株残体直接粉碎，并立即进行高浓度的臭氧处理，使所带病虫等有害生物快速被杀灭，处理后的无病虫有机废弃物就地还田利用。

三、深翻晒垡

深翻晒垡，可将菜地土表的病虫残体深埋土中促进腐烂，并将土中病虫翻出晒死或利用天敌杀灭。必要时可适量撒些石灰进一步消毒。

四、嫁接栽培

茄果类和瓜类蔬菜要广泛使用嫁接防病技术，以黑籽南瓜或瓠瓜苗作砧木嫁接西瓜、黄瓜，可有效预防枯萎病、疫病、白粉病等病菌侵染。

五、选用抗（耐）病虫品种

为达到有机蔬菜的严格要求，在病虫害防治方面，防比治更有效，而在防的措施中，选择抗性蔬菜品种在有机蔬菜生产过程中显得格外重要。农作物对病虫的抗性是植物的一种可遗传的生物学特性。通常在同一条件下，抗性品种受病虫为害的程度较非抗性品种轻或不受害。通过种植抗性品种，可以减轻病虫为害，降低农药的使用，同时有利于绿色防控技术的组装配套。应根据当地生产中病虫害的发生情况，有针对性地选用抗性强的优良品种，充分应用蔬菜自身良好的抗病性、抗逆性来抑制病虫为害。在众多蔬菜中，具有特殊气味的蔬菜，害虫一般不啃食，虫害发生少，如韭菜、大蒜、洋葱、莴笋、茼蒿、芹菜、胡萝卜等在有机蔬菜中种植较多。

六、调节播期

掌握适宜播期,调整播种期可以使作物的感病期与病原物的侵染发病期错开,使蔬菜易受病虫为害的时期避开病虫繁殖、扩散高峰期,从而避免或减轻病虫为害。

如大白菜苗期(六叶期)易感染病毒病,此时如遇有翅蚜迁入高峰,病害就会发生严重。因此,要使大白菜苗期避开有翅蚜迁入高峰,而又不影响大白菜的生长,就要选择适宜的播期。春秋种萝卜可减轻根蛆为害。马铃薯适当推迟播种,使结薯期避过高温期,可减少疫病的发生。

七、种子处理

在种植前对种子、种苗进行消毒处理,尽量减少种子、种苗带菌量或携带害虫的虫卵,其措施主要包括热力、冷冻、干燥、电磁波、超声波等物理防治方法来抑制、钝化或杀死病原物或害虫,达到防治病虫害的目的。特别是对气传病害、土传病害和病毒病害,可以获得较好的控制效果。如温汤浸种,或干热处理,或选用有机蔬菜允许使用的植保产品浸种消毒等。

八、培育无病虫壮苗

种子、种苗带病或带虫是蔬菜病虫发生的最初来源。若生产中定植了带病虫的菜苗,蔬菜的整个生育期都会发生病虫为害。因此,要从苗期抓起,培育无病虫壮苗,包括选择粒大、饱满的种子和营养充足的土壤或基质育苗,认真对种子、土壤、育苗基质、苗棚表面进行消毒,应用防虫网和色板防控害虫。精做苗床、精细播种,及时间苗除草、去杂留纯、去弱留强。加强水、肥、气、热、光调控,病虫害防治,适时蹲苗炼苗。选用无病虫的优良种苗,不但可以减少病虫的传播和发生,而且还可以使作物提早发芽，苗全苗壮，植株生长发育良好，提高了抗病虫能力。选择茎节粗短、根系发达、无病虫为害、均匀一致、叶片大而厚、叶色浓绿的壮苗定植。

九、科学施肥灌水

科学施肥对蔬菜的生长和病害的发生都有密切的关系。要因地制宜地确定肥料的种类、数量、施肥方法和施肥时间。施用有机肥时应注意，在腐熟前有机质肥料中存在大量的病原物，如果没有腐熟，易造成肥害，并把大量的病原物带入田内。

控制灌水，在条件允许的情况下充分利用喷灌、滴灌、微灌等，并创造良好的排灌条件，减轻真菌性的根部病害和线虫病害。田间沟渠配套，灌排条件好，及时降低土壤湿度，发病就少些。许多病虫疫情严重发生的主要条件是湿度得到满足，如灰霉病、疫病、霜霉病等，往往湿度越大病害越重。灌水方式也与病虫有密切的关系，如大水漫灌有利于细菌病害的扩散蔓延，在棚内采用滴灌法和暗灌可以降低小气候湿度，不利于病害的发生。利用滴灌技术、覆盖地膜技术可以有效地控制空气湿度，防止疫情。一般病害孢子萌发首先取决于水分条件，在设施栽培中结合适时的通风换气，控制设施内的温湿度，营造不利于病虫害发生的温湿度环境，对防止和减轻病害具有较好的作用。在地下水位高、雨水较多的地区，作畦采用深沟高畦，利于排灌，保持适当的土壤湿度。

十、加强田间管理

有机蔬菜种植中，在确保蔬菜商品规格化、标准化的前提下，确定用种量、株行距和种植密度。种植过密会造成果形小而不合规格，种植过稀会造成果形过大也不合规格。适时间苗定苗、中耕除草、起垄培土、整枝压蔓、搭架吊蔓、疏花疏果、灌溉排水、防霜防冻、调温控湿、通风补光，促进蔬菜健壮生长，提高蔬菜自身抗（耐）病虫能力。

十一、太阳能消毒

利用太阳热能和设施的密闭环境，提高设施内的环境温度，处理、杀灭土壤中的病菌和害虫。还能加快土壤微量元素的氧化水解复原，满足作物的生长发育需求。适用于已连续栽培2年以上的保护地、密封性较好或能营造利用太阳热能升温消毒土壤的简易大中棚（含薄膜覆盖的露地）。选在7—8月的高温季节，最佳时间选在气温达35℃以上的盛夏时实施。在春茬作物采收后的换茬高温休闲期（如果春茬换茬时间过早，可选择栽培短期叶菜调节消毒季节），及时清除残茬，多施有机肥料（最好配合施用适量切细的稻草秸秆，每亩500~1 000千克，切成3~4厘米长，再加入腐植酸肥）后立即深翻土壤30厘米，每隔40厘米左右作条状高垄，灌溉薄水层后密封关闭棚室（如遇棚室的膜有破损时，最好用透明胶带或薄膜修补胶将破损处封补，防止消毒热能外泄，增加密闭性，提高升温消毒效果，露地应用该技术可覆盖薄膜），消毒15~20天，更能优化土质，以及利用稻草秸秆的发酵热能，提高升温效果、增加土表受热消毒面积，可使消毒土壤的温度升至55~70℃，杀死土壤中的各种病菌、害虫、线虫等有毒生物，加快病残体的分解。

十二、高温闷棚

高温闷棚技术即利用设施栽培便于控制调节小气候的特点，在早春至晚秋栽培季节，对处于生长期的作物，以关、开棚的简单操作管理，提高或降低温湿度的生态调节手段，对有害生物营造短期的不适环境，达到延迟或抑制病虫害的发生与扩展的技术。适用于在作物生长期的病虫发生初始阶段。高温闷棚温度的主要调节范围为15~35℃，多数病虫害的适宜发生温度为20~28℃，靶标害虫主要是微型害虫，如蚜虫类、烟粉虱类、蓟马类、螨虫类、潜叶蝇类等。闷棚防治法的应用，防病与防虫的操作有共同点，也有较大的区别。适用于防病的是高温、降湿控病；而适用于防虫的是高温、高湿控虫，所以应用闷棚防治法需要较高的管理技巧，并应区分防控的主体靶标。

（1）对病害的防控操作。当早春或晚秋满足夜间棚内最低温度不低于15℃（晚上低于15℃时也可关棚调节，高于15℃时晚间不关棚或不关密棚），白天关棚保温能达到35℃以上时可少许开棚放风调节，以维持28℃以上的时间越长越好，当棚内温度低于25～28℃时，开棚降温、降湿，回避病虫发生的适宜温区。如果晚上温度低于15℃时，收工前再关棚保温防寒（接近15℃时不要将棚关严），每天如此操作，可明显延迟病害的发生期，减轻病害的危害。

（2）对微型害虫的防控操作。首先实施前注意天气预报，确认实施当天无雨（最好选择在作物也需要浇水时），并在实施前1天，关棚试验，探测最佳的关棚时间、最高温度可否提升至最高温限及达到最高温限的时段（能达到最高温限的时间越长，控害效果越好），早上（通常是8时以后）阳光较好（再次确认天气预报正确，阴雨天因不利于提升温度，不宜关棚，全天开棚通风换气、降湿度，否则害虫未控好反而引发病害）开始在棚内喷水，使棚内作物叶片、土表湿润为宜，关棚提温产生闷热高湿不利于微型害虫发生的环境，杀死抗逆性弱的害虫个体，也有些微型害虫热晕以后，掉落在叶面的水滴里淹死或掉落在潮湿的泥土表面被粘死。当棚内温度下降到25℃以下时，开棚降温降湿。间隔5～7天实施1次，视病虫发生情况，连续实施3～5次。

（3）注意事项。掌握好茄果瓜类的最高温限。黄瓜的最高温限在32～35℃；番茄的最高温限在35～38℃；辣椒的最高温限在38～40℃；茄子的最高温限在40～45℃。闷棚控虫，为提高控虫效果，设定的最高温限对作物稍有影响，需要适当地补施叶面肥等措施进行调节。实施时一定要用温度计监测棚内温度，不能凭经验在棚外的感觉估算操作管理开关棚（时常容易发生误判而烧苗）。在实施闷棚控害的关键时期，尤其是中午，要有人值守观察温度变化，防止天气突变（特别是多云天气突然放晴），无人在现场及时管理，易引发烧苗。

十三、多样性种植

建立平衡的生产体系模拟自然生态系统，增加栽种植物多样性是有机农业病虫防治的基本原理。多样化种植可以拥有更多的害虫捕食者和寄生者，可以使寄主作物在空间分布上不像单作那样密集。采取多种类蔬菜的复合种植，其中叶菜类面积占40%、茄果类占20%、野菜占20%、豆类占20%。这种混合种植方法既能满足市民对叶菜类蔬菜有机化的要求，又能使高矮作物、迟熟早熟作物、开花和不开花作物复合型种植，从而收到较好的防病治虫效果。例如在茄子中间套种小麦，由小麦吸引麦蚜，由麦蚜吸引食蚜天敌——七星瓢虫、龟纹瓢虫、小花蝽等，小麦天敌转移至茄子，可消灭菜蚜为害。

第二节 物理防治病虫草害技术

利用器械、光、热、电、温度、湿度和声波等各种物理因素或方法防避、抑制、钝化、消除、捕杀有害生物的方法称为物理防治。目前主要推广应用的有频振式杀虫灯、LED新光源杀虫灯、诱虫色板（黄板、蓝板）、防虫网、无纺布、性诱剂、银灰膜避害等理化诱控技术。

一、频振式杀虫灯诱控技术

（1）技术原理。杀虫灯是利用昆虫对不同波长、波段光的趋性进行诱杀，能有效压低虫口基数，控制害虫种群数量。可诱杀蔬菜、玉米等作物上13目67科的150多种害虫，如鳞翅目害虫棉铃虫、甜菜夜蛾、斜纹夜蛾、二点委夜蛾、小地老虎、银纹夜蛾、玉米螟、豇豆荚螟、大豆食心虫等，鞘翅目害虫金龟子及茄二十八星瓢虫等，半翅目害虫盲蝽象等，直翅目害虫华北蝼蛄、油葫芦等。频振式杀虫灯的杀虫谱广、诱虫量大、诱杀成虫的效果显著，害虫不产生抗性，对人、畜安全，促进田间生态平衡，而且安装简单，使用方便。灯诱区害虫落卵量少，幼虫基数低。灯诱区用药时间间隔长，用药次数减少，用药量降低。常用的杀虫灯因电源的不同可分为交流电供电式杀虫灯和太阳能供电式杀虫灯等。

（2）挂灯高度。交流电供电式杀虫灯接虫口距地面80~120厘米（叶菜类）或120~160厘米（棚架蔬菜）。太阳能灯接虫口距地面100~150厘米。

（3）控制面积。交流电供电式杀虫灯两灯间距120~160米，单灯控制面积20~30亩。太阳能灯两灯间距150~200米，单灯控制面积30~50亩。

（4）开灯时间。挂灯时间为4月底至10月底；诱杀鞘翅目、鳞翅目等害虫的适宜开灯时间：晚上8时至翌日2时。

（5）收灯与存放。杀虫灯如冬天不用时最好撤回以进行保养。收灯后将灯具擦干净再放入包装箱内，置于阴凉干燥的仓库中。太阳能杀虫灯在收回后要对固定螺栓进行上油预防生锈，蓄电瓶要每月充两次电以保证其使用寿命。

（6）注意事项。接通电源后请勿触摸高压电网，灯下禁止堆放柴草等易燃品；使用中要使用集虫袋，袋口要光滑以防害虫逃逸。使用电压应为210~230伏，雷雨天气尽量不要开灯，以防电压过高，每天要对接虫袋和高压电网的污垢进行清理，清理前一定要切断电源，顺网进行清理。太阳能杀虫灯在安装时要将太阳能板调向正南，确保太阳能电池板能正常接收阳光。蓄电池要经常检查，电量不足时要及时充电。使用频振式杀虫灯不能完全代替农药，应根据实际情况与其他防治方法相结合使用。

二、LED 新光源杀虫灯诱控技术

（1）技术原理。LED（发光二极管）新光源杀虫灯是利用昆虫的趋光特性，设置昆虫敏感的特定光谱范围的诱虫光源，诱导害虫产生趋光、趋波兴奋效应而扑向光源，光源外配置高压电网杀死害虫，使害虫落入专用的接虫袋，达到杀灭害虫的目的。可诱杀以鳞翅目害虫和鞘翅目害虫为主的多种类型的害虫成虫，如棉铃虫、小菜蛾、夜蛾、食心虫、地老虎、金龟子、蝼蛄等。通过白天太阳光照射到太阳能电池板上，将光能转换成电能并储存于蓄电池内，夜晚自动控制系统根据光照亮度自动亮灯、开启高压电极网进行诱杀害虫工作。

（2）悬挂高度。灯柱高度（杀虫灯悬挂高度）因不同作物的高度而异。一般悬挂高度为灯的底端（即接虫口对地距离）离地 1.2~1.5 米，如果作物植株较高，挂灯一般略高于作物 20~30 厘米。

（3）田间布局。有两种方法：一是棋盘状分布，适合于比较开阔的地方使用；二是闭环状分布，主要针对某块虫害较重的区域，以防止害虫外迁。如果安灯区地形不平整，或有物体遮挡，或只针对某种害虫特有的控制范围，则可根据实际情况采用其他布局方法，如在地形较狭长的地方，采用小"之"字形布局。棋盘状和闭环状分布中，各灯之间和两条相邻线路之间的间隔以单灯控制面积计算，如单灯控制面积为 30 亩，灯的辐射半径为 80 米，则各灯之间和两条相邻线路之间的间隔为 160~200 米。

（4）开灯时间。以害虫的成虫发生高峰期，每晚 7 时至翌日 3 时为宜。

（5）注意事项。安装时要将太阳能板面向正南，确保太阳能电池板能正常接收光照。蓄电池要经常检查，电量不足时要及时充电。使用 LED 杀虫灯不能完全代替农药，应根据实际情况与其他防治方法相结合使用。及时用毛刷清理高压电网上的死虫、污垢等，保持电网干净。

三、色板诱控技术

（1）技术原理。利用昆虫的趋色（光）性制作的各类有色粘虫板，为增强对靶标害虫的诱捕力，将害虫性诱剂、植物源诱捕剂或者性信息素和植物源信息素混配的诱捕剂组合，诱集、指引天敌于高密度的害虫种群中寄生、捕食，达到控制害虫、减免虫害造成作物产量和质量的损失，以及保护生物多样性的目的。

（2）适应范围。多数昆虫具有明显的趋黄绿的习性，特殊类群的昆虫对于蓝紫色有显著的趋性。一些习性相似的昆虫，对有些色彩有相似的趋性。蚜虫类、粉虱类趋向黄色、绿色；叶蝉类趋向绿色、黄色；有些寄生蝇、种蝇等偏嗜蓝色；有些蓟马类偏嗜蓝紫色，但有些种类的蓟马嗜好黄色；夜蛾类、尺蠖蛾类对于色彩比较暗淡的土黄色、褐色有显著的趋性。色板诱捕的多是日出性昆虫，墨绿色、紫色等色彩过于暗淡，引诱力较弱。色板与昆虫信息素的组合可叠加二者的诱导效果，在通常情况下，其诱捕害虫、诱集和指引天敌的效果优于色板或者信息素。

（3）应用技术。色板上均匀涂布无色无味的昆虫胶，胶上覆盖防粘纸，田间使用时，揭去防粘纸，回收。诱捕剂载有诱芯，诱芯可嵌在色板上，或者挂于色板上。

（4）诱捕蚜虫。使用黄色粘虫板，秋季 9 月中下旬至 11 月中旬，将蚜虫性诱剂与粘虫板组合诱捕蚜虫，压低越冬基数。春、夏期间，在成蚜始盛期、迁飞前后，使用色板诱捕迁飞的有翅蚜，色板上附加植物源诱捕剂更好。在蔬菜地里，色板高过作物 15~20 厘米，每亩放 15~20 个。应用黄板诱杀的效益与化学防控相当。

（5）诱捕粉虱。使用黄色粘虫板。春季越冬代羽化始盛期至盛期，使用色板诱捕飞翔的粉虱成虫，或者在粉虱严重发生时，在成虫产卵前期诱捕孕卵成虫。蔬菜大棚内，20~30 天更换 1 次色板。色板上附加植物源诱捕剂的效果更好。在蔬菜地里，色板高过作物 15~20 厘米，每亩放 15~20 个。

（6）诱捕蓟马。使用蓝色粘虫板或黄色粘虫板，在蓟马成虫盛发期诱捕成虫。使用方法同蚜虫。

（7）诱捕蝇类害虫。使用蓝色粘虫板或绿色粘虫板，诱捕雌、雄成虫。菜地里粘虫色板高过作物 15~20 厘米，每亩放置 10~15 个。

（8）注意事项。

首先，粘虫板需要合理的位置。粘虫板的位置不同，对害虫的杀灭效果也不一样。如在蔬菜栽培时，高温和低温季节，一般植株中上部尤其是生长点附近的光照、温度非常适宜，而害虫多在此取食生长点的幼嫩部位。因此，粘虫板要悬挂在靠近生长点的地方。而在夏季高温强光季节，害虫多隐蔽于植株间的阴凉地方取食，并且植株上部的高温强光也会加速粘虫板的老化速率，因此，此时应将大部分粘虫板放置于植株行间生长点以下 15 厘米左右的位置。

其次，棚内黄板、蓝板的分布要均匀。拱棚中悬挂粘虫板时，通常采用黄蓝板相间的悬挂办法，在主钢架上悬挂上蓝板，黄板可在蓝板之间悬挂，悬挂的高度可一致，也可使黄板稍高于蓝板。粘虫板全部悬挂在两侧放风口处，一般距离植株高度 10~15 厘米。这样可同时诱杀粉虱、蓟马、螨虫、蚜虫等多种害虫。

最后，通过观察粘虫情况对棚内虫口数量做好预警。悬挂粘虫板对害虫进行粘杀仅仅是其功能之一，菜农还可通过观察粘虫板上粘杀的害虫种类及数量,对棚内害虫的发生情况进行"预警"。如很多进口的粘虫板都有固定大小的方格,便于统计虫口数量。通过观察粘虫板上粘杀的不同害虫的种类和数量,可以对棚室内的害虫发生趋势提前做好判断,便于采取多种措施对害虫进行控制。

四、防虫网应用技术

(1) 技术原理。在保护地蔬菜设施上覆盖防虫网,基本上可免除甜菜夜蛾、斜纹夜蛾、菜青虫、小菜蛾、甘蓝夜蛾、银纹夜蛾、黄曲条跳甲、猿叶虫、蚜虫、烟粉虱、豆野螟、瓜绢螟等二十多种主要害虫的为害,还可阻隔传毒的蚜虫、烟粉虱、蓟马、美洲斑潜蝇传播数十种病毒病,达到防虫兼控病毒病的良好经济效果。

(2) 适用范围。根据期望阻隔的目标害虫的最小体型,选择合适的目数。一般生产上常选用的是 30~40 目的白色或有银灰条的防虫网,预防番茄黄化曲叶病毒病的防虫网必须采用 50 目以上(防治烟粉虱)。在栽培上还兼有透光、适度遮光、抵御暴风雨冲刷和冰雹侵袭等自然灾害的特点,创造适宜作物生长的有利条件。

(3) 技术应用。在害虫发生初始前覆盖防虫网后,再栽培蔬菜才可减少农药的使用次数和使用量。为防止覆盖后防虫网内残存口发生意外病虫害,覆盖之前必须降低虫口基数,如清洁田园、清除前茬作物的残虫枝叶和杂草等田间中间寄主,对残留在土壤中的虫、卵进行必要的药剂处理。

(4) 主要覆盖法。一种是设施防虫网、膜结合,即保留设施大棚天膜不揭除,只在棚室四周的通风口及出入门口装上防虫网,防虫网覆盖时网的四周应盖严、压牢,杜绝害虫从网隙中潜入网内和防止防虫网被风吹开或刮掉。

一种是全网覆盖,在保护地设施少的地区,为扩种夏秋季半保护地叶菜,通过架设支架与拉托网绳,再全覆盖防虫网栽培叶菜避虫。

一种是双网(防虫网与遮阳网)配套使用,这种类型主要在盛夏高温、强光照的条件下栽培,上面的天网用遮阳网,阻挡强光降温,四周侧面用防虫网覆盖,防止害虫侵入为害,实现了兼顾遮光、避雨、防虫的目的,是一项有效、省本、实用的避虫治病的栽培技术,还改良了网膜结合、全网覆盖的闷热、通风不良、易引发软腐病的缺陷。

(5)注意事项。害虫是无孔不入的,只要在农事操作、采收时稍有不慎,就会给害虫创造入侵的机会,要经常检查防虫网的阻隔效果,及时修补破损孔洞。发现少量虫口时可以放弃防治,但在害虫有一定的发生基数时,应及时用药控害,防止错过防治适期。

五、遮阳网防病技术

遮阳网主要在夏秋炎热时期、高温干旱条件下遮阳降温,预防多种蔬菜的病毒病。不同颜色的遮阳网的透光率为30%~70%,其中黑色最低,为30%~50%。生产上遮阳网主要用于夏秋番茄黄化曲叶病毒病的预防和蔬菜苗期病毒病的预防。

六、无纺布应用技术

(1)技术原理。保护地栽培应用农用无纺布保温幕帘后,起到阻止露滴直接落在作物的叶茎上引发病害,并在潮湿时有吸潮、干燥时释放湿气的棚室微调作用,从而达到控制和减轻病害的发生与为害。在早春与晚秋,用于在作物上浮面覆盖,可起到透光、透气、降湿、保温、阻隔害虫侵害,促进增产等作用。

(2)适用范围。预防由保护地设施露滴引起的灰霉病、菌核病和低温冻伤引起的绵疫病、疫病等病害。兼用于防虫,可起到类似防虫网的作用，还兼有良好的保温、防霜冻作用。

（3）技术应用。在冬季、早春与晚秋，常用在设施的天膜下安装保温防滴幕帘。白天拉开，增加棚室的透光度，兼释放已吸收的湿气；晚上至清晨拉幕保温、防滴、吸潮，起到辅助防病的作用。

直接浮面覆盖应用在冬季、早春与晚秋保护设施或露地，可省去支架，达到保温、防霜冻、促进生长、增加产量、延后市场供应、辅助避虫等目的，与防虫网相比更具实用性，对新播种的秧苗有保墒、促进发芽、培育壮苗的作用。

七、银灰膜避害控害技术

（1）技术原理。利用蚜虫、烟粉虱对银灰色有较强的忌避性，可在田间挂银灰色塑料条或用银灰地膜覆盖蔬菜来驱避害虫，预防病毒病。

（2）适应范围。夏、秋季蔬菜田，设施蔬菜田。

（3）应用技术。蔬菜田间铺设银灰色地膜避虫，每亩铺银灰色地膜5千克，或将银灰色地膜裁成宽10~15厘米的膜条悬挂于大棚内的作物上部，高出植株顶部20厘米以上，膜条间距15~30厘米，纵横拉成网眼状，使害虫降落不到植株上。温室大棚的通风口也可悬挂银灰色地膜条呈网状。如防治白菜蚜虫，可在白菜播后立即搭0.5米高的拱棚，每隔15~30厘米纵横各拉一条银灰色光塑料薄膜，覆盖18天左右，当幼苗6~7片真叶时撤棚定植。

八、性诱剂诱杀技术

（1）技术原理。通过药剂或诱芯释放人工合成的性信息化合物，缓释到田间，引诱雄虫至诱捕器，从而达到破坏雌雄交配，最终达到防治的目的。可诱杀斜纹夜蛾、甜菜夜蛾、小菜蛾、豆荚螟、棉铃虫、瓜实蝇等多种害虫。

（2）使用方法。在害虫羽化期，每亩菜地挂置盛有洗衣粉或杀虫剂水溶液的水盆3~4个，水面上方1~2厘米处悬挂昆虫性诱剂诱芯。近几年来，不同的厂家已生产出诱捕器装置，使用时剪开包装袋的封口，取出诱芯以"S"形嵌入诱芯架的凹槽内，安装于对应的诱捕器内，一亩地用1个诱芯，4~6周更换一次诱芯，及时清理诱捕器中的死虫。

第三节 生物防治病虫害技术

生物防治就是利用一种生物对付另一种生物的方法，它利用了生物物种间种的相互关系，以一种或一类生物抑制另一种或另一类生物，以降低杂草和害虫等有害生物的种群密度。它的最大优点是不污染环境，是农药等非生物防治病虫害方法所不能比的。生物防治的方法有很多，目前在蔬菜病虫害绿色防控重点推广应用以虫治虫、以螨治螨、以菌治虫、以菌治菌、昆虫生长调节剂等生物防治关键措施。

一、利用植物制剂防治

充分利用某些植物制剂对某些病虫的独特杀灭能力控制病虫危害。如楝素（苦楝、印楝等提取物）、天然除虫菊素（除虫菊科植物提取液）、苦参碱及氧化苦参碱（苦参等提取物）、鱼藤酮类（如毛鱼藤）、蛇床子素（蛇床子提取物）、小檗碱（黄连、黄柏等提取物）、大黄素甲醚（大黄、虎杖等提取物）、植物油（如薄荷油、松树油、香菜油）、寡聚糖（甲壳素）、天然诱集和杀线虫剂（如万寿菊、孔雀草、芥子油）、天然醋（如食醋、木醋和竹醋）、菇类蛋白多糖（蘑菇提取物）以及部分自制植物源杀虫杀菌剂等。

1. 竹醋液

竹醋液在稀释100倍以下时，抑菌作用较强，使用200倍液喷淋土壤，能调节土壤的理化性质，减轻土传病害的发生。

在豇豆上应用竹醋液，可预防豇豆根腐病、枯萎病，克服豇豆连作障碍的效果显著。豇豆播种前5~7天用竹醋液床土调酸剂130倍液处理土壤，生长期每隔10天叶面喷施400倍有机液肥，能较有效地增强豇豆长势，并对豇豆根腐病有抑制作用，其产量与轮作相当。

在黄瓜上应用竹醋液，每立方米育苗基质中竹醋液添加量为250~500毫升，或苗期用200倍竹醋液灌根，或是在每立方米基质中使用500毫升竹醋液处理育苗基质和栽培基质，并在定植后定期用200倍液灌根的综合处理方法，能够有效地促进黄瓜叶片、茎粗和植株的生长。竹醋液综合处理可以显著提高黄瓜产量，降低黄瓜中硝酸盐的含量。

2. 木酢液

（1）浸种。用300倍木酢液（水1.5升+精制木酢液50毫升）对茄果类、瓜类和十字花科蔬菜的种子进行浸泡消毒，可有效防治真菌性病害、细菌性病害。一般情况下，浸泡10~15分钟后，捞起晾干，再播种。

（2）防病增产。200倍木酢液可使油菜叶茎增长、增粗、增厚，品质佳，收获期提前；甘蓝及大白菜结球紧、球实、球壮、球大；葱、大蒜、韭菜病虫害少，韭菜可增产30%以上，收获期提前1个月；萝卜个大、甘脆，增产20%~30%；马铃薯抗病毒、个大、适口性好，增产20%~30%；蚕豆、大豆、豌豆荚实密集、饱满；番茄、黄瓜、茄子幼苗期用400倍液喷雾，果大、形状好、质优、高产；生长期每月用200倍液喷甜瓜，糖度增加、口感好；100~200倍液喷雾草莓，可使糖度增加2~3度；甘薯苗成活后用200倍液、生长期用400倍液喷雾，增产25%~75%。

3. 食醋

（1）防治软腐病。用0.5千克食醋对水100千克喷洒，可防治黄瓜、茄子、大白菜的软腐病，并可增产8%~10%。

(2) 防治病毒病。茄果类蔬菜从定植后1~2天开始，每隔7~10天喷施1次，连喷3~5次300倍食醋溶液，对番茄和辣椒的病毒病有较好的防治效果，可使辣椒、茄子增产10.2%以上，番茄增产15%~35%。

(3) 诱杀害虫。用红糖0.5千克、食醋1千克加水10千克，混合搅拌，然后加适量杀虫剂（砒霜等），分数盆置于地中，对菜青虫等幼虫的杀伤力极大。用食醋60毫升、白酒10毫升、食糖30克、水100毫升，再加入90%晶体敌百虫100克，制成毒浆，装入盆或钵中，放置于蔬菜地里事先搭好的架子上，用于诱杀小地老虎等成虫。应注意在有机蔬菜生产中，不应把残液倒入有机蔬菜生产区内。

(4) 增产增收。黄瓜等瓜果类蔬菜，在开花挂果前每亩用食醋0.5千克，对水50千克喷施，增产18%~20%。蕹菜、小白菜、菠菜、西瓜、冬瓜及马铃薯，从苗期开始每隔7天左右喷施一次，连喷2~3次300倍食醋溶液，能收到比较好的增产效果。在番茄开花结果期，用食醋300~500倍液每隔8~10天喷一次，连续喷洒3~4次，可增产17%~32%。在大白菜5叶期，用200倍食醋溶液，每隔7天喷1次，连喷4次，可增产10%以上。喷醋的时间应选择无风雨的阴天或晴天下午4时以后，以免醋液被晒干、吹干或淋掉，延长吸收时间，提高利用率。

4. 自制植物源杀虫杀菌剂

(1) 鲜辣椒液。取新鲜辣椒50克，加水30~35倍加热煮30分钟，其滤液可有效地防治蚜虫、小地老虎和红蜘蛛。

(2) 苦瓜叶制剂。摘取鲜苦瓜叶片加少量的清水捣烂，榨取原液。每千克原液中加入1千克石灰水，调和均匀后用于根部浇灌，防治小地老虎有特效。

(3) 马齿苋制剂。取马齿苋0.5千克加水1千克，煮开30

分钟后过滤，再加樟脑150克，充分搅拌均匀成原液。施用时每0.5千克原液加水2.5千克，每亩施用40~50千克，防蚜虫及其他软体害虫，效果好。

（4）丝瓜制剂。丝瓜加少量水捣烂，去渣取原液，加原液2倍水混合，再加少量皂液混合均匀后喷洒，可防治菜青虫、红蜘蛛、麦蚜、菜螟等。

（5）南瓜叶制剂。将南瓜叶加少量水捣烂，榨取汁液成原液。以2份原液加3份水稀释，再加入少量皂液，搅匀后喷雾，防治蚜虫的效果很好。

（6）韭菜制剂。取新鲜韭菜1千克，捣烂后加水400~500克浸泡，榨取汁液，然后每千克原液对水8千克喷雾，可防治红蜘蛛、蚜虫、棉铃虫等。

（7）番茄叶制剂。将鲜番茄叶捣成浆状，加清水2~3倍浸泡5小时，取上清液喷雾，可防治红蜘蛛，驱赶蚊蝇。

（8）黄瓜制剂。将新鲜瓜蔓1千克捣烂后滤去残渣，加水3~5倍进行喷雾，防治菜青虫和菜螟的效果很好。

二、以虫治虫

以虫治虫即利用害虫的捕食性天敌和寄生性天敌来防治害虫。如用捕食螨防治叶螨、用捕食螨防治蓟马、用丽蚜小蜂防治烟粉虱等。

1. 捕食螨防治叶螨

利用捕食螨对叶螨的捕食作用，特别是对叶螨卵以及低龄螨态的捕食，达到抑害和控害的目的，是安全长效的叶螨防控措施。

蔬菜上发生的主要叶螨有朱砂叶螨、二斑叶螨等。其天敌捕食螨的本土主要种类有拟长毛钝绥螨、长毛钝绥螨、巴氏钝绥螨等。可以用于防治黄瓜、茄子、辣椒等蔬菜上的叶螨。

引进种智利小植绥螨是叶螨属叶螨的专性捕食性天敌，对叶螨有极强的控制能力。以作物上刚发现有叶螨时释放效果最佳。严重时2~3周后再释放1次。每平方米释放智利小植绥螨3~6头，在叶螨为害中心可释放20头，或按智利小植绥螨：叶螨（包括卵）为1∶10释放。叶螨发生严重时加大用量。

释放拟长毛钝绥螨，应在叶螨低密度时释放，按拟长毛钝绥螨：叶螨＝1∶（3~5）的释放比释放。叶螨刚发生时释放1次，发生严重时可增加释放2~3次。

瓶装的旋开瓶盖，从盖口的小孔将捕食螨连同包装基质轻轻撒放于植物叶片上。不要打开瓶盖直接把捕食蛾释放到叶片上，因为数量不好控制，很可能局部被释放过大的数量。不要剧烈摇动，否则会杀死捕食螨。

捕食螨送达后要立即释放。对于智利小植绥螨来说，相对湿度大于60%的环境对于其生存是必需的，特别是对于卵来说。要黑暗低温（5~10℃）保存，避免强光照射。产品运达后要立即使用，产品质量会随储存时间的延长而下降。若放在低温下保存，使用前置室温10~20分钟后再使用。对于拟长毛钝绥螨来说，必需保存时，需低温（5~10℃），并避免强光照射。使用前置室温10~20分钟后再使用。产品质量会随储存时间的延长而下降。两者均在温暖、潮湿的环境中使用的效果较好，而高温、干旱时释放效果差。如果温室或大棚太干应尽可能通过弥雾的方法增加湿度。捕食螨对农药敏感，释放后禁用农药。

2. 捕食螨防治蓟马

利用捕食螨对蓟马的捕食作用，特别是针对蓟马不同的生活阶段，以对叶片上的蓟马初孵若虫以及对落入土壤中的老熟幼虫、预蛹及蛹的捕食作用，从而达到抑害和控害的目的，是安全长效的蓟马防控措施。

蔬菜上发生的主要蓟马种类有烟蓟马和棕榈蓟马等。目前已成为国内多种蔬菜如辣椒、黄瓜、茄子等严重发生的种类。这些蓟马的天敌捕食螨的本土主要种类有巴氏钝绥螨、剑毛帕厉螨等。

巴氏钝绥螨适用于黄瓜、辣椒、茄子、菜豆、草莓等蔬菜，在15~32℃、相对湿度大于60%的条件下防治蓟马、叶螨，兼治茶黄螨、线虫等。剑毛帕厉螨，适用于所有被蕈蚊或蓟马为害的作物，适宜温度20~30℃，适合在潮湿的土壤中使用，可捕食蕈蚊幼虫、蓟马蛹、蓟马幼虫、线虫、叶螨、跳甲、粉蚧等，在作物上刚发现有蓟马或作物定植后不久时释放效果最佳。严重时2~3周后再释放一次。对于剑毛帕厉螨来说，应在新种植的作物定植后1~2周释放捕食螨，经2~3周后再次释放捕食螨以维持其种群数量。

对已种植区或预使用的种植介质中可以随时释放捕食螨，至少每2~3周释放一次。用于预防性释放时，每平方米释放50~150头；用于防治性释放时，每平方米释放250~500头。巴氏钝绥螨可每1~2周释放一次，可挂放在植物的中部或均匀撒到植物叶片上。剑毛帕厉螨释放前旋转包装容器用于混匀包装介质内的剑毛帕厉螨，然后将培养料撒于植物根部的土壤表面。

收到巴氏钝绥螨后要立即释放，虽可在8~15℃的条件下储存，但不应超过5天，可与植物源农药、其他天敌如小花蝽、寄生蜂、瓢虫等同时使用。收到剑毛帕厉螨后24小时内释放，避免挤压；若需短期储存，可在15~20℃、黑暗条件下储存2天。释放期保持温度15~25℃。不要将剑毛帕厉螨和栽植介质混合。释放剑毛帕厉螨主要起到预防作用，尤其是幼苗期和扦插期，暴露于高于35℃或低于10℃的温度下可能会被杀死；被石灰和农药处理过的土壤不要使用剑毛帕厉螨，可与其他天敌同时使用。

3. 丽蚜小蜂防治烟粉虱

烟粉虱的寄生性天敌资源丰富，应用丽蚜小蜂防治烟粉虱是"以虫治虫"的实用技术。经国内外评价丽蚜小蜂对烟粉虱的控制效果，最高时其寄生率可达85%左右（丽蚜小蜂成虫能将卵产在寄主体内),可成功地防治温室粉虱类害虫。适用于保护地栽培易发生烟粉虱为害的作物。田间管理的温度调控范围为最低温度在15℃以上,最高温度在35℃以下,相对湿度控制在25%~55%;光照充足的设施环境,放蜂控害期间不使用杀虫剂,并在烟粉虱初始发生期使用。田间放蜂的时间应在作物定植后,即对植株上的烟粉虱发生动态进行监测,每株烟粉虱的密度越低,防治效果越明显。

当田间烟粉虱的虫口密度平均每株高于4头时,最好先压低烟粉虱虫口基数后再进行放蜂。定期放(补充)蜂源的间隔期为每隔7~10天补充放蜂1次。连续放蜂3~5次。要根据田间烟粉虱的实际发生量,确定经济、合适的放蜂量。一定要选择在烟粉虱发生基数较低时初始使用,才能有效地起到控害的作用。田间株均烟粉虱虫量不高于2头时,每亩设施释放丽蚜小蜂15 000~25 000头;田间株均烟粉虱2~4头时,每亩释放丽蚜小蜂25 000~35 000头。同时,还需要配合温度情况加以调节,当气温为20~28℃时,正处于烟粉虱发生的最适温区,以释放上限的蜂量或略超过上限的蜂量为宜,原则上丽蚜小蜂与烟粉虱的益害比例为(3~4):1。放蜂时,将蜂卡产品均匀挂放于植株上中部即可,丽蚜小蜂虫体较小,且飞行能力有限,一定要均匀挂放。注意该技术不适宜在高温、高湿的地区或高温、高湿的设施内应用。

4. 赤眼蜂防治多种害虫

目前赤眼蜂的防治对象共有20多种农林作物的60多种害虫,主要有玉米螟、棉铃虫、黏虫、黄地老虎、草地螟、菜粉蝶、甘蓝夜蛾、豆荚螟、豆天蛾、芋天蛾、尺蠖、菜螟、刺蛾等。其中以菜青虫、小菜蛾等鳞翅目昆虫的寄主最多。

在蔬菜生产上的应用:可防治露地以及连栋温室、塑料大棚内的菜青虫、小菜蛾、甘蓝夜蛾、棉铃虫、玉米螟等害虫。应及时做好田间害虫发生的测报工作,发现鳞翅目害虫后及时准备释放赤眼蜂加以防治。

防治连栋温室、塑料大棚内的鳞翅目害虫首先要以防为主，通过安装防虫网、出口安装门帘等措施预防害虫迁入。确定田间害虫卵发生期后在卵发生期将赤眼蜂卵卡挂到田间。一般在傍晚时放蜂，从而减少新羽化的赤眼蜂遭受日晒的可能性。

放蜂时，将卵卡挂在每个放蜂点植株中部的主茎上。赤眼蜂的主动有效扩散范围在10米左右，因此放蜂点一般掌握在每亩8~10点，放蜂点在田间应分布均匀。释放时期在鳞翅目害虫初孵化期，每卡有效蜂量1 000多头，每亩均匀悬挂8~10卡即8 000~10 000头蜂，每3天挂1次，常年一个世代需挂3次，防治效果可高达85%~90%。在鳞翅目害虫的防治中，释放赤眼蜂可以基本控制害虫为害，偶尔虫量过多时，可用苏云金杆菌除治残虫。

三、以菌治虫

利用细菌、病毒等防治蔬菜虫害。可用天然除虫菊素、苏云金杆菌、白僵菌、烟碱、苦参碱等防治蚜虫、叶螨、斑潜蝇和夜蛾类害虫；用座壳孢菌剂防治白粉虱；用核型多角体病毒、颗粒体病毒防治菜青虫、斜纹夜蛾、甜菜夜蛾、棉铃虫。

1. 苏云金杆菌

又叫Bt，是用杀虫细菌——苏云金杆菌制成的农药制剂。该药剂的杀虫有效成分是由产晶体芽孢杆菌产生的3种毒素，对害虫仅有胃毒作用。害虫食入药剂后，在中肠内，使肠道在几分钟内麻痹，停止取食，并破坏肠道内膜，进入血淋巴，使害虫饥饿并出现败血症而死亡。食叶害虫吃了带Bt乳剂的叶片后，引起瘫痪、停食、反应迟钝、腹泻，尔后腹部出现黑环、逐渐扩大到全身，然后中毒致死。最后为黑色软体、腐烂，倒挂或死在树叶和枝条上。

Bt农药剂型主要有可湿性粉剂、乳剂及水分散粒剂3种。

主要对鳞翅目幼虫有较强的杀灭作用,具有很强的胃毒作用。可广泛用于防治烟青虫、斜纹夜蛾、菜青虫、棉铃虫、玉米螟、食心虫等180余种鳞翅目害虫,是目前世界上应用量最多的微生物农药。

使用适期为产卵盛期至二龄幼虫期前。每毫升(克)含2 500国际单位苏云金杆菌,约100亿活芽孢/毫升(克),每亩施用500~750毫升(克);4 000国际单位苏云金杆菌,每亩施用250毫升(克);8 000国际单位苏云金杆菌,每亩施用50~150毫升(克),或每亩施用100~150毫升(克);16 000国际单位苏云金杆菌,每亩施用25~50毫升(克)。防治棉铃虫、小菜蛾、甜菜夜蛾等害虫对水喷雾,防治玉米螟对水稀释灌心叶,或稀释100~200倍与3.5~5千克细沙充分拌匀,制成颗粒剂,投入玉米喇叭口内。

施用时,必须掌握好防治适期,错过时机,害虫抗药力增强,防效降低,一般要比化学农药的经验防治期提前2~3天。必须避开减效的光解环境,该类农药施用时应避开阳光直射时段,最好选在清晨、傍晚或阴天时施用。必须用足每亩施用药剂量(药液量),以此来稳定该类农药的杀虫效果,避免降低防效。该类药多无内吸性,喷药时要了解害虫为害、栖息场所,看准靶标进行全面喷防。必须注重间隔期的连续喷药。害虫一世代发生期内要连续喷药2~3次。必须认识到该类农药的杀虫作用慢,要耐心等待治虫效果,不能套用化学农药的杀虫观念对待它,要严格按使用方法使用,最大限度地发挥好生物农药的药效。本产品为胃毒剂,没有内吸杀虫作用,只对食叶性鳞翅目害虫有较强的毒杀作用,喷雾时要均匀、周到。严禁太阳下暴晒,不怕冻,乳剂保存期为1年半。喷药后遇小雨无妨碍,降中至大雨应补喷。

2. 白僵菌

属微生物源、真菌、低毒杀虫剂,有效成分为白僵菌的活孢子。白僵菌的杀虫作用是靠其分生孢子接触虫体后，在适宜条件下萌发，生出芽管，侵入虫体内，大量繁殖，分泌毒素（白僵菌素），影响其血液循环，干扰新陈代谢，2~3天后昆虫死亡。死虫因体内水分很快被菌丝吸尽而干硬，菌丝沿尸体气门间隙或环节间膜伸出体外，产生分生孢子，呈白色茸毛状，叫白僵虫。大量的白僵菌分生孢子再侵染其他昆虫，蔓延而使害虫大量死亡，一个侵染周期7~10天。白僵菌可寄生鳞翅目、同翅目、膜翅目、直翅目等200多种昆虫和螨类。球孢白僵菌的杀虫谱广，应用得较多。如卵孢白僵菌对蛴螬等地下害虫有特效。

（1）防治地下害虫。用布氏白僵菌或球孢白僵菌可防治大黑鳃金龟、暗黑鳃金龟、铜绿金龟和四纹丽金龟等金龟子成虫和幼虫。可单用菌剂，也可与其他农药混用。单用菌剂时（含17亿~19亿孢子/克）每亩用量3千克。

（2）防治大豆食心虫、豆荚螟、造桥虫等豆科植物害虫。可喷雾或喷粉。将菌粉掺入一定比例的白陶土，粉碎稀释成20亿孢子/克的粉剂喷粉。或用100亿~150亿孢子/克的原菌粉，加水稀释至0.5亿~2亿孢子/毫升的菌液，再加0.01%的洗衣粉，用喷雾器喷雾。

（3）防治玉米螟。每亩玉米田每次用0.5千克70亿活孢子/克白僵菌粉剂与5千克沙子拌成颗粒剂，在玉米心叶期撒于喇叭口内，每株用量2克左右。

菌液应随配随用，在阴天、雨后或早晚湿度大时，配好的菌液要在2小时内用完，以免孢子过早萌发，失去侵染能力；害虫感染白僵菌死亡的速度缓慢，一般经4~6天后才死亡，因此，要注意在害虫密度较低的时候提前施药；为提高防治效果，菌液中可加入少量洗衣粉；菌剂应在阴凉干燥处储存，过期菌粉不能使用。

3. 绿僵菌

一种广谱的昆虫病原菌，属低毒杀虫剂，可寄生8目30科

200余种害虫。主要用于防治金龟子、象甲、金针虫、蛾蝶幼虫、蟓和蚜虫等害虫。绿僵菌有金龟绿僵菌和黄绿绿僵菌等变种,生产上主要用金龟绿僵菌变种的制剂来防治害虫。绿僵菌以孢子发芽侵入害虫体内,并在体内繁殖且形成毒素,导致害虫死亡。死虫体内的病菌孢子散出后,可侵染其他害虫,在害虫种群内形成重复侵染,在一定时间内引起大量害虫死亡,故一次施药的持效期很长。

(1) 防治蛴螬。包括东北大黑鳃金龟、暗黑金龟子、铜绿金龟子等的多种幼虫。采用菌土法施药,每亩用菌剂2千克,拌细土50千克,中耕时撒入土中。也可采取菌肥的方式施用,用菌剂2千克,与100千克有机肥混合后,结合施肥撒入田中。据调查,防效达64%~66%,以中耕时施药效果最好。

(2) 防治小菜蛾和菜青虫。用绿僵菌菌粉对水稀释成每毫升含0.05亿~0.1亿个孢子的菌液喷雾。

绿僵菌虽然对环境的相对湿度有较高的要求,但其油剂在空气相对湿度达35%时即可感染蝗虫致其死亡;田间应用时,应依据虫口密度适当调整施用量,在虫口密度大的地区可适当提高用量,如饵剂可提高到每亩250~300克,以迅速提高其前期防效;禁止与杀菌剂混用;害虫初发期和中耕翻田时的施用效果好。

4. 昆虫病毒类生物杀虫剂

昆虫病毒目前研究应用较多的主要是核型多角体病毒和颗粒体病毒等杆状病毒,主要是利用生态系统食物链中寄生种群与被寄生种群的关系,通过人工释放病毒病原体,增加病毒病原体种群的数量,达到有效控制宿主的数量,减少其对农作物的危害。主要用于防治鳞翅目、鞘翅目的害虫。目前国内生产的昆虫病毒制剂主要用于防治棉铃虫、斜纹夜蛾、甜菜夜蛾、小菜蛾、苜蓿银纹夜蛾、黏虫等。

此类产品均在害虫产卵盛期施用,50亿PIB/毫升棉铃虫核型多角体病毒悬浮剂、30亿PIB/毫升甜菜夜蛾核型多角体病毒悬浮剂、300PIB/毫升小菜蛾颗粒体病毒悬浮剂均以500~750倍液喷雾，水分散粒剂以5 000倍液喷雾。施药时先以少量水将所需药剂调成母液，再按相应浓度稀释，均匀喷洒。

在害虫产卵高峰期施药最佳。选择傍晚或阴天施药，尽量避免阳光直射。作物的新生叶片等害虫喜欢咬食的部位应重点喷洒，便于害虫大量取食病毒粒子。切忌与碱性物质混用，密封储存于阴凉干燥处，保存期2年。

四、以菌治病

以下几种防治病害的生物药剂在蔬菜生产上得到了推广应用，效果良好。

1. 多黏类芽孢杆菌

多黏类芽孢杆菌产生的广谱抗菌物质和位点竞争，杀灭和抑制病原菌，并能诱导植物产生抗病性，从而达到防治病害的目的。属于细菌杀菌剂，适用于防治番茄、辣椒、茄子的青枯病。

（1）浸种。每100克种子用0.1亿CFU（菌落形成单位，指单位体积中的活菌个数）/克细粒剂6.7克，对水300倍液浸种。

（2）苗床泼浇。番茄、茄子、辣椒的苗床，每平方米用0.1亿CFU/克细粒剂0.3克，加水稀释后泼浇。

（3）灌根。定植后的番茄、辣椒、茄子，每亩用0.1亿CFU/克细粒剂1~1.5千克，加水稀释后灌根。

在整个生育期用药3~4次，分别在播种（浸种与泼浇）、假植、移栽定植和初发病时泼浇或灌根，累计用药量一般为每亩2~3千克。

2. 蜡质芽孢杆菌

蜡质芽孢杆菌主要通过竞争、诱导植物抗性及抗生作用达到有效控制病害的目的，减少对作物的危害及损失。单剂主要用于防治姜瘟病、茄子青枯病。

（1）防治姜瘟病。姜瘟病应以预防为主，一旦发病，很难防治，一株发病可导致整个田间爆发病情。6月下旬至7月初进入高温、高湿、多雨季节，姜瘟病进入发病期，有可能爆发成灾。要经常到田间观察，一旦发现零星发病，发病初期实施全田用药，要彻底清除病株及周围土壤，并用药剂灌穴。关键要做到用药及时，清除要干净，病株周围1米左右的健株也要一并连土挖除带出地块并深埋。

出苗后，幼苗3~4叶期，喷洒一次，促进发根，提高姜苗的抗病性。以后每隔15天左右喷洒灌根1次，以促生姜苗齐、苗全、苗壮、提高抗病性。发病后，除及时清除病株和病株周围土壤外，还要用药喷洒姜田，浇灌病苗周围。每隔7天喷1次，连续喷灌3次。施用方法为：每亩使用8亿活芽孢/克可湿性粉剂500~1 000克，或用20亿活芽孢/克可湿性粉剂200~400克药剂顺垄灌根。15天后再用药1次，灌药时应力求均匀用药。种植生姜前，使用8亿活芽孢/克可湿性粉剂100~150倍液，或用20亿活芽孢/克可湿性粉剂300~400倍液浸泡姜种30分钟，对姜瘟病具有很好的防治效果。

（2）防治辣椒和茄子的青枯病。发病初期立即拔除病株，病穴灌根，全田用8亿活芽孢/克可湿性粉剂80~120倍液，或20亿活芽孢/克可湿性粉剂200~300倍液灌根，10~15天后需要再灌1次，每株灌0.3升，每隔10天1次，连灌2~3次。作物定植后用500倍液浇足定根水，每株需浇250克左右；定植10天后，用100~300倍液浇灌或根茎喷施；开花结果期再用100~300倍液浇灌一次。

（3）玉米、大豆及各种蔬菜作物播种前，每千克种子用300亿活芽孢/克可湿性粉剂15~20克拌种，拌匀后晾干，然后播种。对玉米、大豆及蔬菜作物，在旺长期，每亩用300亿活芽孢/克可湿性粉剂 0.1~0.15 千克药粉，加水 30~40 升均匀喷雾。

3. 地衣芽孢杆菌

地衣芽孢杆菌主要通过竞争、诱导植物抗性及抗生作用达到有效控制病害的目的，减少对作物的危害及损失。属细菌杀菌剂，对于西瓜枯萎病、黄瓜霜霉病等有一定的防治效果。

（1）防治西瓜枯萎病。播种前用地衣芽孢杆菌药液浸泡种子，严格消毒杀菌，防止种子传病。瓜苗定植后，及时穴浇或浇灌1 000单位/毫升地衣芽孢杆菌水剂 500~750 倍液药液，每株 50~100 毫升，每 10~15 天 1 次，连续浇灌 2~3 次。西瓜坐瓜以后，要注意观察，一旦发现初发病株，立即扒开根际土壤，开穴至粗根显露，土穴直径达 20 厘米以上，穴内灌满药液，可阻止发病，恢复植株健壮，保证西瓜长成。注意不施用含有西瓜秧蔓、叶片、瓜皮的圈肥，防止肥料带菌；增施钾肥、微肥、有机肥料和生物菌肥，防止瓜秧旺长，促秧健壮。

（2）防治黄瓜霜霉病。于发病初期，每亩用1 000单位/毫升地衣芽孢杆菌水剂 350~700 毫升（100~200 倍液），对水成 500~750 倍液药液常规喷雾，上午 10 时前、下午 4 时后使用为好。每 7 天喷一次，连喷 2~3 次。

4. 枯草芽孢杆菌

枯草芽孢杆菌主要通过竞争、诱导植物抗性及抗生作用达到有效控制病害的目的，减少对作物的危害及损失。属细菌杀菌剂，对某些真菌具有拮抗作用，并具有促进蔬菜根系发展和地上部生长的作用。

（1）防治草莓和黄瓜的灰霉病及白粉病。从病害发生初期开始喷药，每 7~10 天 1 次，连喷 2~3 次。一般每亩使用 10 亿活芽孢/克枯草芽孢杆菌可湿性粉剂 600~800 倍液喷雾，喷药应均匀、周到。

（2）防治番茄青枯病、辣椒枯萎病。多采用药液灌根的方法。从发病初期开始灌药,每 10~15 天 1 次,需要连灌 2~3 次。一般使用 10 亿活芽孢/克枯草芽孢杆菌可湿性粉剂 600~800 倍液灌根,顺茎基部向下浇灌,每株需要浇灌药液 150~250 毫升。

5. 木霉菌

木霉菌防治黄瓜灰霉病等蔬菜病害是利用木霉菌对灰霉病菌繁殖体的直接抑制作用或间接对黄瓜诱导抗性,从而达到防治灰霉病的目的。木霉菌对人畜无害,对环境安全,是防治黄瓜灰霉病重要的一种防治措施。对黄瓜灰霉病等叶部病害具有良好的预防和治疗作用,对由黄瓜灰霉病引起的其他作物灰霉病也同样有较好的防效。由于灰霉病菌对多机制的生防菌木霉难以形成有效抗性,因此,防治效果较佳。此外,对防治霜霉病、白粉病、炭疽病、白绢病、枯萎病、根腐病等病害也有一定的防治效果。

(1) 喷雾。防治黄瓜、大白菜等蔬菜的霜霉病,可在发病初期,每亩用 1.5 亿活孢子/克木霉菌可湿性粉剂 200~300 克,对水 50~60 千克,均匀喷雾,每隔 5~7 天喷 1 次,连续防治 2~3 次;防治瓜类白粉病、炭疽病可用 1.5 亿活孢子/克可湿性粉剂 300 倍液在发病初期喷雾,每隔 5~7 天 1 次,连续防治 3~4 次;防治黄瓜、番茄的灰霉病、霜霉病等,可用 1 亿活孢子/克水分散粒剂 600~800 倍液喷雾,每隔 7~10 天喷 1 次,连喷 2~3 次,可加入一定量的麸皮作稀释营养剂。

(2) 拌种。使用木霉菌拌种,可防治根腐病、猝倒病、立枯病、白绢病、疫病等,通过拌种将药剂带入土中,在种子周围形成保护屏障,可预防病害的发生。一般用药量为种子量的 5%~10%,先将种子喷适量水或黏着剂搅拌均匀,然后倒入干药粉,均匀搅拌,使种子表面都附着药粉,然后播种。

(3) 灌根。防治黄瓜、苦瓜、南瓜、扁豆等蔬菜的白绢病,可在发病初期,每亩用 1.5 亿活孢子/克木霉菌可湿性粉剂 400~450 克,和细土 50 千克拌匀,制成菌土,撒在病株茎基部，隔 5~7 天撒 1 次，连续撒 2~3 次。使用木霉菌灌根，可防治根腐病、白绢病等茎基部病害，一般用 1 亿活孢子/克水分散粒剂 1 500~2 000 倍液，每株灌 250 毫升药液，灌后及时覆土。在辣椒苗定植时，每亩用 1.5 亿活孢子/克可湿性粉剂 100 克，再与 1.25 千克米糠混拌均匀，把幼苗根部蘸上菌糠后栽苗，或在田间初发病时，用 1.5 亿活孢子/克可湿性粉剂 600 倍液灌根，可防治辣椒枯萎病。

6. 荧光假单胞杆菌防治番茄青枯病

用 10 亿/毫升荧光假单胞杆菌水剂 80~100 倍液灌根，或每亩用 3 000 亿个/克荧光假单胞菌粉剂 437~550 克浸种+泼浇+灌根。

7. 厚孢轮枝菌防治蔬菜及其他作物根结线虫、孢囊线虫

移栽期，每亩用 2.5 亿孢子/克厚孢轮枝菌微粒剂 1~1.5 千克与农家肥混匀施入穴中；定植期或追肥期，每亩用 2.5 亿孢子/克厚孢轮枝菌微粒剂 1.5~2 千克与少量腐熟农家肥混匀施于作物根部，也可拌土单独施于作物根部。

8. 淡紫拟青霉防治多种蔬菜根结线病

在播种时拌种，或定植时拌入有机肥中穴施。连年施用本剂对根治土壤线虫有良好的效果，并对作物无残毒，也不污染土壤，还对作物有一定的刺激生长作用。

（1）沟施或穴施。施在种子或种苗根系附近，每亩用活菌总数≥100 亿/克的淡紫拟青霉 2 千克。病害严重的地块，可以适当增加用量。

（2）处理苗床。将淡紫拟青霉菌剂与适量基质混匀后撒入苗床，播种覆土。1 千克菌剂处理 15~20 平方米苗床。

（3）拌种。按种子量的 1% 进行拌种后，堆捂 2~3 小时，阴干即可播种。

（4）其他方法。混拌有机肥或其他肥料，于翻耕前撒施后及时翻耕。

五、熊（蜜）蜂授粉

使用熊蜂或蜜蜂对设施果菜授粉，替代植物生长调节剂，其花瓣会自然脱落，可降低灰霉病的发生程度，减少烂果、烂瓜，可降低畸形果率，提高果实口感和产品质量。应在作物25%以上的花开放后开始释放熊（蜜）蜂，同时注意确保棚室温度持续保持在12~30℃。

六、生物熏蒸

采用生物熏蒸对苗棚表面和土壤消毒。

1. 苗棚表面消毒

选择生物熏蒸剂，如每亩用20%辣根素水乳剂1升对空喷雾，或采用自控常温烟雾施药套机自控施药，或20%辣根系水乳剂1~2升借助滴灌系统随水直接将辣根素均匀滴在土壤表面，施药后密闭棚室3~5小时，即可彻底杀灭各种害虫和病菌。

2. 定植前土壤消毒

定植前3~5天，在整好地的土壤表面铺滴灌管，密闭覆盖地膜，采用生物熏蒸剂如每亩用20%辣根素水乳剂3~5升，通过施肥灌水，随水将辣根素溶液均匀滴入土壤深层，密闭熏蒸2天后揭膜散气1~2天，然后定植蔬菜。

七、注意事项

生物农药使用过程中受温、光、水分等环境因素的影响，由于这些受限的因素，也就导致了生物农药在使用过程中药效差，所以要注意以下五点。

1. 要在病虫害发生前使用

生物农药的作用往往被人们所误解，人们认为只要用了生物农药肯定能解决问题。实践中并非如此。生物农药的喷施条件有限，且见效慢。生物农药不能像化学农药一样做到立竿见影，往往需要多次施用，甚至有时被滥用，造成大量人力和物力的浪费。其实生物农药的作用更多地体现在预防，而不是治疗，应在病虫害发生前使用，将病虫害扼杀在发生初期。

2. 要避免温度的影响

由于设施内温度的可控性，所以棚室内使用生物农药有很大的优势，但是由于菜农对生物农药使用时温度条件的不了解，也导致药效受到影响。生物农药的活性成分主要由蛋白质晶体和有生命的芽孢组成，对温度的要求较高。因此，生物农药使用时，务必将温度控制在20℃以上。一旦低于最佳温度喷施生物农药，芽孢在害虫机体内的繁殖速度十分缓慢，而且蛋白质晶体也很难发挥其作用，往往难以达到最佳防治效果。

通过相关文献的查找可知，温度对于病毒类的生物农药的影响很小，而细菌类的生物农药则对温度有一定的要求，例如苏云金杆菌，气温每天有数小时在15～20℃以上，就能达到较为理想的效果；而芽孢杆菌被广泛使用的原因是其耐高温的能力强，能长期耐60℃的高温，在120℃温度下能存活20分钟。真菌类生物农药中，木霉菌孢子在25～30℃生长最快；白僵菌的适宜温度为24～28℃。植物提取物类的生物农药，如烟碱、印楝素的适宜温度为20～33℃。

3. 调控湿度，增强药效

生物农药对湿度的要求极为敏感。部分生物农药需要繁殖，产生大量孢子，而芽孢萌发需要较高的湿度，所以使用过程中棚室环境的湿度越大，药效越明显，特别是粉状生物农药更是如此。因此，在喷施药剂时务必牢牢抓住早晚露水未干的时候，在蔬菜、瓜果等食用农产品上使用时，务必使药剂能很好地黏附在茎叶上，使芽孢快速繁殖，害虫只要摄食到叶子，立即产生药效，起到很好的防治效果。另外，底施生物农药，例如枯草芽孢杆菌、地衣芽孢杆菌等也应注意土壤含水量。真菌界的白僵菌在相对湿度90%左右、土壤含水量5%以上时才能使害虫致病。

4. 光照强度影响生物农药的效果

光照强度也是影响生物农药效果的重要方面。强烈日光下半小时，苏云金杆菌死亡约达 50%。在太阳下直接照射 30 分钟和 60 分钟，芽孢死亡率则达到 50% 和 80%。因此，使用微生物农药应避免强太阳光照射，宜在傍晚或阴天的时候使用微生物农药。若在棚内安装了用于杀菌的紫外灯，喷洒微生物农药以后不要开灯照射，这样会连同用于病虫防治的芽孢一起杀死，使微生物农药失效。

5. 尽量不要与杀菌剂混合使用

微生物农药从本质上来说与致病菌属于同种生物，杀菌剂如果对有害致病菌有作用，也会对微生物农药产生影响。如使用枯草芽孢杆菌的时候就不能与杀细菌的农药掺混。块状耳霉菌是一种真菌杀虫剂，通过块状耳霉菌的活孢子来实现杀虫效果，活孢子侵染蚜虫致死，并可持续传染，引起群体大量死亡。如果与杀真菌的药剂混用，则势必会失去药效。另外需要注意的是，一些微生物农药不仅不能与杀菌剂掺混，更要注意使用时间上的间隔，以免产生一种农药克制另一种农药的不良后果。

第四节　矿物来源药剂防治技术

在以上途径都不能有效控制病虫害时，可以允许使用一些矿物性产品和物质进行防治。不同的蔬菜运用不同的药剂进行防治。常使用的矿物来源植保产品有铜盐（硫酸铜、氢氧化铜、氯氧化铜、辛酸铜等）、石硫合剂、波尔多液、硫黄、石灰、高锰酸钾等。

一、硫黄

（1）防治番茄叶霉病，黄瓜、西葫芦、丝瓜等的黑星病。

在定植前 7~10 天，密闭棚膜，按每 55 立方米空间用硫黄粉 130 克、干锯末 250 克，把两者混匀，放在瓦盆内，用烧红的木炭或煤球点燃硫黄锯末混剂，人迅速退到棚外，关好棚门，熏蒸一夜或密闭 24 小时，放风，排出有害气体。

（2）防治贮藏期南瓜青霉病，大蒜的青霉病、红腐病。在贮藏库内（也可把用具放入），按每立方米空间用 10 克硫黄粉，熏蒸 24 小时。

（3）防治贮藏期辣椒腐烂。按每立方米空间用硫黄粉 5~10 克，与少量干锯末、刨花等物混匀，堆放在干燥的砖上点燃。

（4）大蒜贮藏期，按每立方米空间用 100 克硫黄粉，发现有螨害时，拌适量干锯末，放在花盆内，密闭门窗点燃硫黄锯末，熏蒸 24 小时，能杀死害螨，但对螨卵无效，可待螨卵孵化后，再熏蒸一次，能防治大蒜贮藏期螨害。

（5）防治瓜类白粉病。用硫黄粉 0.5 千克、骨胶 0.25 千克、水 100 千克，先把骨胶用热水煮化（煮胶容器最好放在热水中），再加入硫黄粉调成糊状，然后再加足水量稀释，搅匀后喷雾。或用 50%硫黄胶悬剂稀释成 200~400 倍液喷雾，每隔 10 天左右喷洒 1 次，一般发病轻者用药 2 次，发病重者用药 3 次。或每亩用 80%硫黄干悬浮剂或 80%硫黄水分散粒剂 200~230 克对水 60~75 升喷雾，间隔 7~10 天喷雾 1 次，共喷 3 次。

二、石硫合剂

在使用前，先用波美比重计测定原液的波美度，再按下式计算加水倍数：原液波美度÷需稀释的波美度-1，例如：原液 20 波美度，欲稀释为 0.5 波美度的药液，需加水多少？则加水倍数 = 20÷0.5-1=39。

用 0.1~0.2 波美度液喷雾，可防治黄瓜、甜瓜、豌豆等的白粉病及螨类。用 0.2~0.5 波美度液喷雾，可防治茄子、南瓜、西瓜等的白粉病、螨类。用 0.3 波美度液喷雾，可防治香椿白粉病。在春季芦笋发芽前后，用 0.5 波美度液喷雾，可防治茎枯病。在冬季清园时，用 1 波美度液浇株，可防治芦笋茎枯病。

也可用商品石硫合剂，如用 30% 石硫固体合剂 150 倍液喷雾，可防治甜（辣）椒、豇豆、白菜类等的白粉病，番茄白粉病，菜豆、蚕豆、豇豆、扁豆、苦苣、豌豆等的锈病。用 45% 石硫固体合剂 200~600 倍液喷雾，可防治螨及黄瓜白粉病。

三、波尔多液

用 0.5∶1∶100 液，防治甘蓝细菌性黑斑病、芋细菌性斑点病等。

用 0.5∶1∶（150~200）液，防治黄瓜细菌性角斑病、叶枯病、缘枯病、细菌性枯萎病、圆斑病等。

用 1∶0.5∶250 液，防治成株期黄瓜霜霉病、疫病、蔓枯病，葱类霜霉病、紫斑病等。

用 1∶1∶120 液，防治姜细菌性软腐病。

用 1∶1∶160 液，防治南瓜角斑病、茄子疫病、莴苣白粉病、芋炭疽病等。

用 1∶1∶200 液，防治番茄早疫病、晚疫病、斑枯病、灰霉病、叶霉病、果腐病、溃疡病，茄子褐纹病、绵疫病、赤星病，辣椒褐斑病、叶斑病、霜霉病、黑斑病、炭疽病、叶枯病、疮痂病、菜豆炭疽病、细菌性疫病，冬瓜疫病，豇豆煤霉病，芫荽细菌性疫病，洋葱霜霉病等。

用 1∶1∶（300~500）液，防治蔬菜苗期猝倒病、立枯病、灰霉病等。

四、硫酸铜

（1）浸种。把硫酸铜对水稀释后浸种，然后捞出洗净后，再催芽播种或晾干后播种，药液浓度和浸种时间长短因蔬菜种类而异。用 0.1% 硫酸铜溶液浸种 5 分钟，可防治种传的番茄枯萎病、褐色根腐病、叶霉病，茄子枯萎病；先用清水浸泡种子10~12小时后，再用1%硫酸铜溶液浸种5分钟，捞出拌少量草木灰，防治种传甜（辣）椒的疫病、炭疽病、疮痂病、细菌性叶斑病；用0.5%硫酸铜溶液浸泡马铃薯块30分钟，防治贮藏期的软腐病；用50毫克/千克浓度的硫酸铜溶液浸泡种薯10分钟，防治马铃薯环腐病。

（2）浸苗。用96%硫酸铜对水稀释，配成1%浓度，浸泡菊花苗5分钟，洗净后定植，防治根肿病。

（3）喷雾。把晶体对水稀释后喷施。用500~1 000倍液，防治马铃薯的晚疫病、黑胫病，番茄晚疫病，辣椒炭疽病；在高温季节，用1 000倍液喷施，可增强植株的耐热力，提高番茄抗日灼果、裂果及甜瓜抗日灼果、叶烧病的能力；当蔬菜作物缺铜时，可用0.05%~0.1%的硫酸铜水溶液进行叶面喷施补铜；可用0.5%~1%的硫酸铜溶液对生产食用菌的菇房、耳棚、场地、贮藏室、接菌室、用具等进行喷洒消毒。

（4）土壤处理。在浇定植水前，每亩撒施硫酸铜1.5~2千克，然后浇水，可防治甜（辣）椒根腐病；在夏季高温季节，每亩用硫酸铜3千克，撒于地面，然后浇水，可防治甜（辣）椒疫病、黄瓜灰色疫病、冬瓜和节瓜的绵疫病；在拔除病株后，每个病穴内浇5%硫酸铜溶液0.5~1升，可防治姜瘟病；每亩用硫酸铜500克，装入布袋内，插在进水口处，随水滴浇，可防治琥珀螺、椭圆萝卜螺。

五、高锰酸钾

用高锰酸钾1 000倍液浸番茄、黄瓜、茄子、甜瓜等蔬菜和瓜类种子，一般浸泡2~3小时，用清水洗净再进行催芽播种，能消除种子所带的病菌，促使其发芽迅速，生长整齐，并且能防治种传的番茄病毒病、溃疡病等。

西瓜种子用高锰酸钾1 000倍液浸种8~10小时，可防治枯萎病。

大白菜、甘蓝等十字花科蔬菜的种子,先用温水浸泡1小时,然后用高锰酸钾1 000倍液浸泡2小时,可防治十字花科蔬菜软腐病。

防治瓜类蔬菜苗期猝倒病,在出苗后每隔7~10天用高锰酸钾溶液1 000倍液喷雾,需防治3次,发病率可控制在2%以下。

防治茄果类苗期猝倒病、立枯病,用高锰酸钾600~1 000倍液喷雾,每5~7天1次,连续4次。

防治辣椒等茄果类蔬菜的病毒病,发病初期,用高锰酸钾800倍液,每隔5~7天喷1次,连喷3~4次。

使用0.1%的高锰酸钾水溶液喷雾,在番茄缓苗以后每周喷1次,连喷3~5次,预防蕨叶型病毒病的效果明显。如果番茄植株已经发病,可用0.1%高锰酸钾每天喷1次,连续喷7天,一般即可治愈。对于发病较重的番茄,喷洒药液后观察3~4天,如蕨叶型病毒病还有发展趋势,可用同样的浓度再连喷3~5天,喷药时间以每天上午9—11时为宜。

防治黄瓜霜霉病,在出苗后2叶1心至结瓜前,用高锰酸钾600~800倍液喷雾,每5~7天1次,连续3次。

防治大白菜霜霉病,在苗期、莲座期用高锰酸钾600~800倍液喷雾,每5~7天1次,连续3次。

防治豇豆枯萎病、根腐病,从豇豆5~7叶期开始,用高锰酸钾800~1 000倍液喷雾,每5~7天1次,连续3~4次。

防治西葫芦等瓜类病毒病,用高锰酸钾1 000~1 200倍液喷雾,每5~7天1次,连续3~4次;防治瓜菜类白粉病,用高锰酸钾500倍液喷雾,每5~7天1次,连续2~3次。

防治西瓜、冬瓜枯萎病,用高锰酸钾800~1 000倍液全田逐株灌根,每次灌500毫升,每隔10天灌一次,连灌2~3次。

防治辣椒根腐病,用高锰酸钾500倍液灌根,每7天1次,共灌3~4次。

防治茄子猝倒病，用高锰酸钾 800 倍液灌根，每次每株灌 200~250 毫升。

六、碳酸氢钠（小苏打）

使用 0.5%碳酸氢钠+0.5%~1%植物油（如菜籽油）+乳化剂（类脂）配制的苏打水制剂可用于白粉病的防治。其防治机理是：碳酸氢钠破坏真菌表面结构，降低孢子的繁殖能力，另外，高 pH 值也可抑制真菌的生长；油制剂通过油膜覆盖，阻断呼吸作用，使昆虫窒息死亡。由于白粉病、锈病、霜霉病、炭疽病、叶霉病及晚疫病等多种病原菌在碱性条件下很难生存，因此，喷施 500 倍碳酸氢钠水溶液对上述病害具有较好的防治效果。

（1）用浓度为 0.2%~0.5%的碳酸氢钠溶液向蔬菜上均匀喷洒，一般在黄瓜炭疽病、白粉病及豇豆煤霉病等蔬菜病害发生初期喷雾 1 次即可，效果不显著时，可隔日再喷 1 次。

（2）在双孢菇等食用菌的生产中，100 千克水中加入 0.2 千克的碳酸氢钠喷洒，可抑制杂菌污染、刺激菌丝生长发育，对多种菇病有明显的疗效。

（3）棚室内因密闭，二氧化碳常感不足，喷施碳酸氢钠分解后可补充二氧化碳。可在蔬菜生长期间，每隔 3~4 天喷一次。

（4）用浓度为 0.2%的碳酸氢钠水溶液浸泡茄果类蔬菜种子 30 分钟后捞出，用清水洗净催芽播种，可预防茄果类蔬菜的炭疽病、灰霉病等。

七、氢氧化铜

用 77%氢氧化铜可湿性粉剂对水稀释后喷雾或灌根。

1. 喷雾

用 400 倍液，防治黄瓜的细菌性角斑病、叶枯病、缘枯病，冬瓜和节瓜的疫病。

用400~500倍液，防治番茄的青枯病、疮痂病、细菌性斑疹病和髓部坏死病，黄瓜圆叶枯病，甜（辣）椒的褐斑病、白斑病、叶斑病、黑斑病。

用500倍液，防治菜豆的角斑病、细菌性疫病、根腐病，豇豆的轮纹病、煤霉病、角斑病、细菌性疫病、蚕豆的褐斑病、轮纹病，扁豆的红斑病、轮纹病，菜用大豆的褐斑病，黄瓜的细菌性枯萎病、软腐病，佛手瓜蔓枯病，冬瓜和节瓜的蔓枯病、细菌性角斑病、软腐病、绵疫病，西葫芦的果腐病、软腐病，苦瓜蔓枯病，西瓜的褐腐病、细菌性果斑病，甜瓜细菌性软腐病，番茄的早疫病、晚疫病、溃疡病、软腐病、斑点病、果腐病，甜（辣）椒的白星病、疮痂病、青枯病、软腐病，马铃薯早疫病，大葱的软腐病、疫病，洋葱软腐病，大蒜软腐病，芹菜的叶斑病、叶枯病、细菌性叶斑病，甘蓝黑腐病，莴苣的轮斑病、软腐病、叶缘坏死病，落葵炭疽病，球茎茴香软腐病，芫荽细菌性疫病，胡萝卜细菌性疫病，牛蒡的黑斑病、细菌性叶斑病，山药斑纹病，魔芋炭疽病，慈姑黑粉病，水芹褐斑病，芦笋的立枯病、根腐病，草莓的蛇眼病、青枯病，茄子疫病、果腐病、软腐病、细菌性褐斑病。

用500~600倍液，防治蚕豆叶烧病、茎疫病，菜豆细菌性晕疫病，豆薯细菌性叶斑病。

用600倍液，防治菜豆斑点病，蕹菜炭疽病，姜眼斑病。

2. 灌根

用400倍液，防治冬瓜和节瓜的疫病。

用400~500倍液，在发病初期，每株灌0.3~0.5升药液，每隔10天灌1次，连灌2~3次，防治番茄和茄子的青枯病，芦笋的立枯病、根腐病。

用500倍液，每平方米苗床浇3升药液，防治甜瓜猝倒病。

3. 浇灌

防治姜瘟病时，采用随水浇灌的方法进行用药。从病害发生初期或发生前开始，一般每亩每次随水浇灌77%氢氧化铜可湿性粉剂1~1.5千克或53.8%氢氧化铜可湿性粉剂1.5~2千克，每10~15天1次，连续浇灌2次。用药一定要均匀、周到。

八、王铜

1. 浸种

用30%王铜悬浮剂800倍液，浸泡姜种6小时，姜种切口处蘸上草木灰后播种，防治姜瘟病。

2. 喷雾

用30%王铜悬浮剂对水稀释后喷雾。

用600倍液，防治姜眼斑病。防治芋软腐病时，应从发病株开始腐烂或水中出现发酵情况时，及时排水田，然后喷药。

用700倍液，防治芋污斑病、蕹菜炭疽病。

用800倍液，防治莴苣的细菌性腐败病、细菌性软腐病，蕹菜的叶斑病、炭疽病，落葵叶点霉紫斑病，球茎茴香软腐病，薄荷斑枯病，芹菜的叶点霉叶斑病、细菌性叶斑病、细菌性叶枯病，芫荽细菌性疫病，姜的细菌性软腐病、青枯病、炭疽病，西瓜细菌性果斑病，瓠瓜褐斑病，蚕豆轮纹病，菜用大豆细菌性斑疹病，豆薯细菌性叶斑病。

九、氧化亚铜

（1）用56%氧化亚铜水分散粒剂喷雾。将56%氧化亚铜水分散粒剂对水稀释后喷施。

用400倍液，防治辣椒细菌性叶斑病；用500~700倍液，防治番茄早疫病。

用600~800倍液，防治黄瓜灰色疫病，南瓜蔓枯病，西瓜细菌性果斑病，茄子细菌性褐斑病，芹菜的细菌性叶斑病和叶枯病。

用700~800倍液，防治冬瓜和节瓜的绵疫病、绵腐病，西葫芦果腐病，苦瓜霜霉病，番茄果腐病，茄子果腐病。

用800倍液，防治冬瓜和节瓜的细菌性软腐病，西瓜褐色腐败病，甜瓜的疫病、霜霉病、果腐病，丝瓜绵腐病，苦瓜的蔓枯病、细菌性角斑病，番茄斑点病，莴苣轮斑病。

用800~1 000倍液，防治甜瓜细菌性软腐病。

（2）用56%氧化亚铜水分散粒剂灌根。将56%氧化亚铜水分散粒剂对水稀释后灌根。

用600~800倍液灌根，防治黄瓜疫病。

用800倍液灌根，每株灌药液300毫升，每隔10天灌1次，连灌2~3次，防治番茄果实牛眼腐病。

（3）用86.2%氧化亚铜可湿性粉剂喷雾。将86.2%氧化亚铜可湿性粉剂对水稀释后喷施，每隔7~10天喷1次，连喷3~4次。

用250~350倍液喷雾，防治黄瓜霜霉病，甜（辣）椒疫病。

用800~1 000倍液喷雾，防治番茄早疫病。

十、碱式硫酸铜

将30%碱式硫酸铜悬浮剂对水稀释后喷雾、灌根、涂抹。

用300倍液喷雾，防治南瓜黑斑病，西葫芦软腐病，丝瓜轮纹斑病，落葵叶斑病，姜眼斑病，芋细菌性斑点病。

用300~400倍液喷雾，防治冬瓜和节瓜的绵疫病、软腐病，甜瓜软腐病，茄子果实疫病，菜豆白粉病，莴苣腐败病，甜菜霜霉病。

用350倍液喷雾，防治青花菜和紫甘蓝的黑腐病。

用350~400倍液喷雾，防治胡萝卜细菌性疫病。

用400倍液喷雾，防治黄瓜软腐病，南瓜角斑病，苦瓜的细菌性角斑病、褐斑病，瓠瓜果斑病，番茄的斑点病、果腐病，茄子的软腐病、细菌性褐斑病，甜（辣）椒果实黑斑病，菜豆细菌性叶斑病，豇豆的角斑病、细菌性疫病，蚕豆的炭疽病、叶烧病，扁豆斑点病，菜用大豆的紫斑病、细菌性斑疹病，洋葱的球茎软腐病，芹菜的叶斑病、细菌性叶斑病、叶枯病，莴苣的白粉病、细菌性叶缘坏死病、软腐病，蕹菜叶斑病，落葵紫斑病，球茎茴香软腐病，薄荷斑枯病，芹菜软腐病，芫荽细菌性疫病，白菜类细菌性褐斑病、黑斑病，青花菜和紫甘蓝的软腐病，牛蒡的黑斑病、细菌性叶斑病，姜细菌性软腐病，魔芋的炭疽病、细菌性叶枯病，豆薯细菌性叶斑病，芦笋的叶枯病、紫斑病，草莓的根腐病、蛇眼病、青枯病，枸杞的白粉病、灰斑病，百合的灰霉病、细菌性软腐病，香椿白粉病，菊花的斑枯病、枯萎病。

用 400~500 倍液喷雾，防治黄瓜疫病，西瓜细菌性果斑病，番茄根霉果腐病，茄子黑根霉果腐病，豌豆细菌性叶斑病，扁豆轮纹病，大葱疫病，菠菜叶斑病，西洋参黑斑病，山药斑纹病，芋炭疽病，菊芋斑枯病，莲藕叶点霉烂叶病，慈姑黑粉病，芦笋的立枯病、根腐病，香椿锈病。

用 500 倍液喷雾，防治西瓜褐色腐败病，蚕豆轮纹病，落葵炭疽病，乌塌菜软腐病，莲藕的褐纹病、小菌核叶腐病，草莓细菌性叶斑病。

用 400 倍液灌根，防治姜腐烂病，菊花枯萎病。

用 400~500 倍液灌根，防治黄瓜灰色疫病，甜瓜猝倒病，芦笋的立枯病、根腐病。

剪去百合叶尖干枯病的发病叶后，用 30% 碱式硫酸铜悬浮剂 300 倍液涂抹伤口处。

第五节　有机蔬菜土传病害流行原因与防治技术

土传病害是土壤中的有害真菌、细菌、线虫和病毒等存留于土壤中，在条件适宜时大量繁殖并从根部或茎部侵染引发的病害。在蔬菜栽培当中，最严重的是有害真菌导致的根部病害。在蔬菜定植的高峰期，也是根部病害多发的一个阶段。其中，发生根部病害最多的是椒类蔬菜，许多种植尖椒、甜椒的菜农在蔬菜进入苗期以后会出现大量的死棵，其中以根腐病、茎基腐病为主。

一、土传病害流行原因

1. 种植模式单一

由于连年种植一类作物，使相应的某些病菌得以连年繁殖，在土壤中大量积累，形成病土，成为年年发病的根源。特别是棚室连作，大棚内的特殊环境有利于病菌越冬，病菌逐年积累，数量越来越多。茄科蔬菜连作，疫病、枯萎病易高发；姜连作可导致严重的姜瘟病等。

2. 土壤不消毒

有些菜农在定植时用药对植株根系进行杀菌消毒保护，并且把生长不健康的幼苗都剔除出去，认为这样就能将疫病、根腐病等防住。但定植以后发现仍然会出现大量的烂根死棵情况。这主要是由于忽视了土壤的消毒处理。土传病害不仅通过土壤传播，而且土壤就是有害菌繁殖传播的大本营。仅对幼苗进行处理而不重视土壤的消毒，无疑是治标不治本。

3. 肥水管理不当

肥水管理不当造成根系受伤也会造成土传病害的流行。如果浇水太勤，使植株根系长时间处于缺氧状态，会引发沤根。根部产生大量的伤口或长势衰退，为病菌的入侵创造了条件，导致根部病害发生严重。

4. 药剂使用不当

土壤中包含大量的有害菌，不同的致病菌导致蔬菜根部出现不同的病害。需要正确判断才能有效治疗，否则一旦错过了最佳的防治时期就很难挽回。

二、抑制土传病害的措施

1. 进行土壤消毒处理

为减少土壤中的病原菌，要及时使用药物进行土壤消毒。夏季进行高温闷棚是遏制土传病害最好的一种措施。通过使用药剂处理土壤，最大限度地减少土壤中土传病害的发生概率。可选择干闷、湿闷配合药剂处理的办法进行土壤消毒。有机蔬菜可用的土壤消毒剂主要是石灰氮。石灰氮的使用方法是先将粪肥撒入棚中，用旋耕机旋耕后将石灰氮均匀撒施在棚地上，然后再用旋耕机打匀，覆盖地膜，20~25天后揭膜。

2. 及时补充有益菌

消毒后的土壤几乎处于无菌状态，极易造成有害菌的入侵和泛滥。使用生物菌肥后利用有益菌占领土壤，从而压缩病原菌的入侵空间，抑制土传病害的发展。如拮抗菌968、ETS 菌剂等。但应注意，使用生物菌肥后，在2周之内不能再使用铜制剂等杀细菌的农药灌根，以防将有益菌杀死，导致防治效果降低。

3. 使用药剂防治

对于青枯病，可用氢氧化铜、络氨铜水剂等无机铜制剂、0.6%波尔多液（等量式）灌根，每株灌对好的药液0.3~0.5升，隔10天使用一次，连续灌2~3次。

4. 避免肥水伤根

浇水时不可一次性浇水过多，也不可过分控制，要做到勤浇水，浇小水，避免土壤湿度过大、通气性差、根系缺氧窒息而引起烂根、沤根。如果能够使用微灌、滴灌等措施则最好。在施肥方面，不论是底肥还是追肥都要合理施肥、平衡施肥，都要按照土壤的现状和种植作物的需肥规律平衡施用。避免因为施肥过多或鸡粪等有机肥发酵腐熟不充分而造成烧根，导致根系出现大量的伤口，从而为病菌的入侵埋下隐患，导致死棵现象严重。

第六节　有机蔬菜除草技术

有机蔬菜地杂草丛生,除了与作物争肥夺水外,还与蔬菜作物争空间,导致植物过密,容易产生病害,并传播病毒病等,杂草也为害虫藏身和产卵提供了良好的栖息地。杂草防除主要是靠人工除草,关键是要勤除,开始工作量大些,到后来就越来越少了。由于有机蔬菜在栽培过程中不允许使用人工合成的农药、肥料、除草剂、生长调节剂等,因此,对栽培过程中不可避免的草害提出了不同于常规蔬菜栽培的要求。除了人工除草,还可通过一些辅助措施以减少杂草的危害。

一、人工除草

人工除草是通过人力拔出、割刈、锄草等措施来有效防除杂草的方法,也是一种最原始、最简便的除草方法。中耕除草的针对性强,不但可以除掉行间杂草,而且可以除掉株间的杂草,干净彻底,技术简单,不但可以防除杂草,而且给蔬菜作物提供了良好的生长条件。但人工除草,无论是手工拔草,还是锄、犁、耙等应用于农业生产中的锄草,都很费工费时,劳动强度大,除草效率低。在蔬菜作物生长的整个过程中,根据需要可进行多次中耕除草,除草时要抓住有利时机除早、除小、除彻底,不得留下小草,以免引起后患。

二、加强栽培管理控草

通过采用限制杂草生长发育的栽培技术(如轮作、种绿肥、休耕等)控制杂草。播种前,清除作物种子中夹杂的杂草种子。有机肥要充分腐熟(有些有机肥里含有杂草种子)。利用前作对杂草的抑制作用,前后作配置时,要注意到前作对杂草的抑制作用，为后作创造有利的生长条件，一般胡萝卜、芹菜等生长缓慢，抑制杂草的作用很小，葱蒜类、根菜类也易遭杂草危害，而南瓜、冬瓜等因生长期间侧蔓迅速布满地面，杂草易被消灭，甘蓝、马铃薯、芜菁等抑制杂草的作用也较大。还可喷施酸度4%~10%的食醋，不但可以消除杂草，更有土壤消毒的效果，在杂草幼小时喷施效果较好。

行距较大的蔬菜作物，在生长的前期，可以在行间种植速生的叶菜类蔬菜，这样可以充分利用空地，防止杂草生长。

当菜田休闲时，种植一茬绿肥，可以防止杂草丛生，在绿肥未结籽前翻入土中作为肥料。一般夏季种植田菁、紫云英、埃及三叶草、豌豆、苜蓿、红花苕子、燕麦、大麦、小麦等，到春天未开花时耕翻入土，不仅可防止杂草生长，还能克服连作障碍。

三、机械除草

机械除草是利用各种形式的除草机械和表土作业机械切断草根，干扰和抑制杂草生长，达到控制和清除杂草的目的。机械中耕除草比人工中耕除草先进，工作效率高，但灵活性不高，一般在机械化程度比较高的农场采用这种方法。

（1）浅松除草。在播种前用浅松机进行机械浅松除草，松土深度5~6厘米。通过浅松，一年生的杂草70%左右被清除，剩下一些难除的杂草，苗期人工除草即可。

（2）旋耕或旋播除草。在播种前用旋耕机进行浅旋除草或播种时用旋耕播种机旋播除草。旋耕或旋播的深度一般在6~8厘米。旋耕或旋播后，75%左右的杂草都被旋死，剩下在苗期长出来的大草人工除草即可。

（3）中耕除草。在苗期用中耕除草机或中耕施肥除草机进行中耕除草，对于浅根性作物，中耕除草深度为3~4厘米；对于深根性作物，中耕除草深度为5~10厘米。苗间除草95%以上,剩下苗带里的杂草人工清除即可。适宜主要杂草第一次出苗高峰期过后,作物幼苗不易被土埋时,尽早趁晴天进行。需要进行第二次机械中耕除草的应在条播作物封垄前操作完。

(4)深松除草。主要针对深根性、行距比较宽的作物如玉米等,用深松机进行深松除草。深松除草的深度一般在25~30厘米。苗间除草95%以上,剩下苗带里的杂草人工除草即可。适宜期选择在秋季。

四、物理除草

利用水、光、热等物理因子除草。如用火燎法进行垦荒除草、用水淹法防除旱生杂草、用深色塑料薄膜覆盖土表遮光以提高温度除草等。

(1)火力除草。火力除草是利用火焰或火烧产生的高温使杂草被灼伤致死的一种除草方法。火焰枪烫伤法除草,此法只有当作物种子尚未萌发或长得足够大时才可应用,并在杂草低于3毫米时最有效。如种植胡萝卜,种子床应在播种前10天进行灌溉,促使杂草萌发,而在胡萝卜种子发芽前(播种后5~6天),用火焰枪烧死杂草。

(2)电力和微波除草。电力和微波除草是通过瞬间高压(或强电流)及微波辐射等措施破坏杂草组织、细胞结构而杀灭杂草的方法。由于不同植物体(杂草或作物)中器官、组织、细胞分化和结构的差异,植物体对电流或微波辐射的敏感性和自组织能力的强弱不同。高压电流或微波辐射在一定的强度下,能极大地伤害某些植物,而对其他植物安全。

五、覆盖抑草

1. 秸秆覆盖抑草

利用秸秆覆盖不但可以起到保墒、保温、促根、培肥的作用,还具有抑草作用。将作物秸秆整株或铡成3~5厘米长的小段，均匀地铺在植物行间和株间。覆盖量要适中，覆盖量过少起不到保墒增产的作用；覆盖量过大，可能发生压苗、烧苗现象，并且影响下茬播种。每亩覆盖量约 400 千克，以盖严为准。秸秆覆盖还要掌握好覆盖期。如生姜应在播后苗期覆盖，9 月上中旬气温下降时揭除；夏秋大蒜可全生育期覆盖；夏玉米以拔节期覆盖最好。覆盖前要先将秸秆翻晒，覆盖后要及时防虫除草。

利用秸秆覆盖除草要注意有些地区由于在常规农业中使用的化学农药的量大、品种多，如果不注意，有机农场很可能会在使用常规秸秆进行覆盖时，通过灌溉或淋溶的作用将其中的农药残留带入有机土壤，造成严重的污染事件。这样的事例曾经发生过，因此，必须在使用常规秸秆前了解清楚，尽量使用比较安全可靠的秸秆。

2. 地膜覆盖抑草

采用地膜覆盖，杂草长出顶膜而烫伤至死。要提高地膜的覆盖质量，一般覆盖质量好，杂草生长也少。盖地膜时要拉紧、铺平，达到紧贴地面为度，如盖膜质量不好则不仅易通风漏气，保温、保水、保肥效果差，而且还会促进杂草生长。近年来，生产上采用有色薄膜覆盖，不仅能有效抑制刚出土的杂草幼苗生长，而且通过有色膜的遮光能极大地削弱已有一定生长年龄杂草的光合作用，在薄膜覆盖条件下，高温、高湿，杂草又是弱苗，能有效地控制和杀灭杂草，有色薄膜以黑色膜覆盖抑草的效果最好。但不可用除草地膜（含有化学除草剂）覆盖除草。

此外，也可以采用其他的覆盖材料，比如用树叶、稻草、稻壳、花生壳、棉籽壳、木屑、蔗渣、泥炭、纸屑、布屑等材料覆盖地面都有防治杂草的效果。这些材料在田间腐烂后又可增加土壤中的有机质。

六、他感作用治草

自然界中，植物间也存在着相生相克的关系，他感作用治草是利用某些植物通过其强大的竞争作用或其产生的有毒分泌物来有效抑制或防治杂草的方法。如小麦可防治白茅、三叶草防治金丝桃属杂草。利用他感植物之间的合理间（套）作或轮作，趋利避害，直接利用作物分泌、淋溶他感物质抑制杂草。如在稗草、白芥严重的地块种黄瓜，在白茅严重的地块种小麦，在马齿苋、马唐等杂草严重的地块种植高粱、大麦、小麦等麦类作物，都可以起到既能防治杂草，又能提高作物产量的作用。

七、生物除草剂除草

生物除草剂是指在人为控制条件下，选用能杀灭杂草的天敌，进行人工培养繁殖后获得的大剂量生物制剂。生物除草剂有两个显著的特点：一是经人工大批量生产而获得的生物接种体；二是淹没式应用，以达到迅速感染，并在较短时间里杀灭杂草。

利用活体微生物作为除草剂进行杂草治理的方法，主要是利用植物病原物微生物，如细菌、真菌、病毒，最常见的是真菌。真菌除草剂通过使杂草感染病害而达到目的。目前已经商品化或极具潜力的有19种，如Devine、Collego、Biomal、Camperico、Casst、Velgo、Biochon、鲁保一号。使用的剂型有乳剂、水剂、可湿性粉剂、颗粒剂和干粉剂等。其中水剂是最常用的剂型。生物除草剂不能与生物杀菌剂和生物杀虫剂同等对待，是由于其极大的局限性，生物除草剂也难与人工合成的化学除草剂进行竞争。但由于生物除草剂对环境安全，使用中在作物体内及土壤中无残留等优点，在有机农业中将会得到更多的重视与应用。

八、利用生物因子除草

1. 食草昆虫

以虫治草是利用某些昆虫能专一地取食某种或某类杂草的特性来防治杂草的方法。食草昆虫的筛选必须建立在对此类昆虫生物学特性、生态学特性、与寄主植物关系的基础之上，即探明昆虫的专化程度、取食类型、取食时期、发生时期、发生代数、繁殖能力、外部死亡因子、取食行为与其他生防作用物的协调性和作用物的个体大小。

食草昆虫应具备以下特性：直接或间接地杀死或阻止其寄主植物繁殖扩散的能力；高度的传播扩散和善于发现寄主的能力；对目标杂草及其大部分自然分布区的环境有良好的适应能力，能够适应引入地区的多种不良环境条件；繁殖力高，释放后种群的自然增长速度快。

2. 食草动物

在以草食动物治草的实践中，最成功的要数以鱼治草。许多食草鱼类在一昼夜可吃下相当于其自身体重的水生杂草，利用鱼类的偏食性，可在稻田养鱼，有选择地防治稻田杂草。以鱼治草可一举两得，操作方便，成本低廉。

许多牛、羊、鹅等也具有偏食性，往往只爱取食某种或某类植物。利用动物的这一特点来防治农田杂草，也有不少成功的实例。如利用草鹅防治草莓田中的禾本科杂草。草鹅只爱取食马唐、狗尾草和稗草等禾本科杂草，不伤害草莓。

3. 杂草病原微生物

杂草病原微生物一般都是杂草的天敌，但只有那些能使杂草严重感染、显著影响杂草生长发育和繁殖的微生物才可成为生防作用物。病原真菌对杂草的防治效果可以从侵染能力、侵染速度和损伤性来衡量。

侵染能力可以用侵染途径（有的可直接穿透表皮，而有的只可经过气孔）、侵染部位、侵入后在组织中的感染能力等反映。如某些真菌可以侵染进入组织内部，但不能使其感染发病。侵染速度与病原真菌的侵染能力、侵入组织后的生长发育状态、被侵染杂草对该病原菌的耐抗性大小和侵染时环境因子的适合度有很大的关系。

病原真菌对杂草造成的抑制作用是引起其严重的病症，如炭疽病、枯萎病、叶斑病等。这些症状的产生与真菌产生的特异植物毒素有关。侵染开始时，杂草防御和修复机制的存在使得真菌侵害和杂草生长处于相互拮抗和斗争状态；只有当病原真菌的侵染速度高于杂草的生长速度时，才能使杂草受到明显的伤害，进而控制杂草。

值得注意的是，杂草控制不能采取全部清除的手段以达到田园十分干净的程度。全部清除既减少了田间生物的多样性，也忽视了杂草可以带来的好处。相反，杂草控制要以能达到与作物间协调平衡为度。低水平的杂草不会对作物造成经济威胁，低于经济阈值的杂草没有必要控制。

第七章 茄果类蔬菜有机生产技术

第一节 番 茄

一、茬口安排

温室和两膜一苫延秋茬栽培7月1—15日直播（品种宜用毛粉802），继早春茬在11月中下旬育苗（品种宜用金鹏或以色列金石王子）；越冬茬10月下旬至11月上旬下种（品种宜用百利或雷格等），继4月中旬老株留侧枝再生或1月下旬育苗。拱棚栽培延秋茬可在5—6月下种，遮阳挡雨管理；早春茬在1月初育苗，品种宜用娜娃串番茄（大红色）或黑妃串番茄（紫黑色）。一年2~3茬，亩产2万~2.5万千克。

二、营养床土配制

每亩栽植面积需备育苗床25~30平方米。床土为40%腐植酸有机肥、40%的阳土、20%腐熟7~8成的牛粪、500克EM生物菌液，与粪肥拌匀整平。土钵疏而不易散，养分平衡，不沤根，根多秧壮。勿用化肥和未经生物菌分解的生粪。

三、播种

夏秋茬种子用高锰酸钾1 000倍液消毒，越冬茬和早春茬用硫酸铜500倍液杀菌。播前浇1次足水，深4厘米，积水处撒土将畦面赶平，撒播，覆土0.5厘米厚，盖地膜保湿保温。白天温度在 25~30℃，夜晚 10~13℃，幼苗出土后逐渐放风炼苗，幼苗出齐前不浇水，无猝倒苗。

四、苗期管理（11月20日至翌年4月1日和9—10月）

冬前浇水，保温防冻，其他季节控水防徒长促扎深根，出苗 60% 揭膜放湿，子叶展开按 2~3 厘米见方疏苗。3 片真叶时按 8~10 厘米见方分苗，分苗时浇灌生物菌或磷锌钙营养长根，促进花芽分化。培育健壮苗，不徒长，不僵化，不染病，根系发达。控水防涝，高温干旱期遮阳，连阴天也揭开草苫见光炼苗。下种后 10 天切方，定植前 10 天移位囤苗，护根提高抗逆性。

五、定植前准备

移栽前 10 天用 EM 生物菌液 100 克对水 15 千克喷于幼苗，前 7 天全日揭膜炼苗。以菌克菌，无病定植。喷雾器装过化学杀菌剂需清洗后间隔 48 小时，再装有益菌剂，喷后保持 2~3 天较高湿度，使之大量繁殖以抑制和杀灭有害菌。

六、肥料运筹

按一茬每亩产果实 10 000 千克设计投肥，需纯氮 38.6 千克，土壤中需维持 19 千克为足；五氧化二磷 11.5 千克，基施为主；氧化钾 44.4 千克，在结果期施入为主。每千克碳素可产鲜秆、果实各 10 千克，需碳素有机质 1 000~1 300 千克。第一年新菜地可多施入土壤储备量 1 倍左右，第二茬减少 50%。每亩备 3 000 千克干稻秆沤制肥，可供碳 1 350 千克；或牛粪 4 000 千克，含碳 1 040 千克，加腐植酸肥 100 千克，含碳 250 千克、氮 13.5 千克、磷 6.6 千克、钾 17.1 千克。1 000 千克鸡粪中含碳 250 千克、氮 16.5 千克、磷 15 千克、钾 8.5 千克。总碳 1 600 千克左右、氮 30 千克、磷 21.6 千克、钾 25.6 千克，碳够、氮多、磷足，缺钾23千克，番茄地富钾也可增产，故结果期再追施45%生物钾100千克。鸡粪过多会引起氮磷浪费和肥害，造成植株生理失衡而染病减产。如秸秆不足可用腐植酸肥补充。碳元素需施入EM生物菌，固体10~20千克，液体2千克，或生物菌肥固体50千克，液体1千克，分解和保护碳氮营养。中后期追施液体菌4~6千克，并能持久吸收空气中二氧化碳和氮气，补充量可达60%左右，分2~3次冲施。土壤碳氮比达(30~80)∶1。土壤本身碳氮比为10∶1。低投入，高产出，营养平衡好管理，达到有机食品的生产要求。谨防盲目多施鸡粪肥，造成营养过剩并产生肥害而多病减产。因每亩土壤氮存量19千克为平衡，磷要保持酸性均衡供应，故鸡粪要穴侧施或沟施。

七、整地起垄

耕深30厘米，垄宽70厘米，高10厘米，防积水沤根，受光面大，提温快。垄土不宜太粗太细，保证土壤透气性和持水性。

八、选膜覆盖

越冬温室首选聚乙烯三层复合紫光膜和聚乙烯无滴绿色膜；早春茬和延秋茬选聚乙烯无滴白色膜和绿色膜。选1.3米宽地膜盖垄，把膜拉紧，四周用土压紧，条与条间距10~15厘米空隙。控湿保温，提高和延后上市，受光促根。地膜延秋茬迟盖，脱土表水分诱长深根；越冬和早春茬及早盖，保温保墒护根，夏季随时盖，保墒防根脱水。

九、选苗

夏秋茬选择有茸毛苗，可防治虫伤传毒；根多壮苗，淘汰猝倒、黑根茎苗。

十、密度

株距40厘米,大行距60厘米,小行距40~45厘米,温室每亩栽2 000~2 900株,大棚栽3 300株。群体受光均匀,充分利用空间,防止过稠徒长和染病;露地为挡光保湿护果秧,合理密植为好。

十一、定植

每亩用EM生物菌液1千克,用40℃温水浸泡4~6小时,加水稀释浇苗床;适当深栽(12厘米),高腿苗可用"U"形栽培法;栽完后用800倍液的植物诱导剂灌根茎部,之后1小时浇水,愈合伤口,消灭杂菌病毒,控秧壮根,增加根系70%左右,提高光合强度50%以上。围绕控温、控湿、控秧促根管理,因深根长果,浅根长叶蔓。

十二、整枝、疏果

温室延秋茬5~7穗果,越冬、早春茬6~9穗果,拱棚、露地3~4穗果。分次打顶,使植株高低一致,去芽不过寸,老黄叶早摘,单干整枝,每穗留2~4果,株高控制在1.7米左右。控蔓促果,果形正,产量高。每穗果轮廓长成,将果穗以下所有叶片摘掉,以免老叶产生乙烯使果实中钾外流而软红减产、不耐运。

十三、中耕

中耕2~3次,深2~5厘米。浇水、雨后淋湿和作业踩踏的土壤,及时松土破板,早春中耕合土缝保墒保湿;土壤含氧量保持19%,防止沤根和根浅脱水,促进微生物活动、根深扎。中耕结合除草。

十四、营养防病

生长期氮磷钾比例以 3∶1∶(5~7) 为宜，高、低温期叶面补硼促花粉粒成熟饱满，喷锌促柱头伸长授粉受精。每间隔 20~30 天，叶面喷赛众 28 营养液，根部浇施 EM 生物菌液平衡土壤和植物营养。露地和延秋茬喷锌、硅、钼防治病毒病；越冬和早春茬喷铜、钙防治细菌病害。轻度病害每隔 7 天用一次铜皂液（硫酸铜、肥皂各 50 克对水 14 千克）；中度病害用铜铵合剂（硫酸铜、碳酸氢铵各 50 克，对水 14 千克）；重度病害用波尔多液（50 克硫酸铜、40 克生石灰液，分开化，对水至 14 千克同时倒入容器叶面喷洒，防早、晚疫病效果好）。叶面喷钾、硼防真菌病害。经常浇施 EM 生物菌液可防治死秧、根结线虫等病害。地上与地下平衡，叶蔓与果实平衡，果大而匀，色艳耐存，食味佳。在 20℃ 左右时，浇施或叶背喷雾为好。

十五、生态防虫

温室、大棚内每 60 平方米挂一黄板诱杀飞虫；或在矿灯、电灯外罩一塑料膜涂胶，引诱黏杀；用灭蚜宁熏杀，连用 2 天。露地每 60 亩装一台频振式电击杀虫灯灭虫。也可每亩取麦麸 2.5 千克，炒香拌糖、醋、敌百虫各 0.5 千克，用塑料膜垫底，傍晚时分放在 10 处诱杀地下害虫，早上捡虫消灭。根结线虫和地蛆可用草木灰和有益生物菌防治。勿用化学杀虫剂，以免杀死害虫天敌，破坏土壤结构。

十六、浇水

共浇水 5~8 次，定植时以浇透为准，之后控水、控叶促根深扎；秧苗生长期不浇，结果期少次适量。地面和空气保持干燥，根深，易授粉着果，果大，着色均匀，不易染病。保护地内 30℃ 以上，20℃ 以下不浇水；露地高温时以傍晚浇水为好。

十七、温度

白天22~32℃，前半夜15~18℃，后半夜授粉期12~13℃，长果期8~11℃，授粉受精良好，果形正，蔓不疯长，产量高。谨防温度高于35℃或低于8℃。

十八、光照

幼苗期2万~3万勒克斯，结果期5万~7万勒克斯，6—9月高温强光期适当遮阳，冬至前后弱光期用补光灯、反光幕、擦棚膜等措施增光，叶面可喷植物诱导剂800倍液以增加叶片光合强度，使秧不疯长、不僵化、无空穗。遮阳勿过度，以免秧蔓徒长。

十九、投入产出概算

以温室为例：种子30克100~800元，EM生物菌液10千克200元，秸秆沤制肥或牛粪4 000千克200元，鸡粪1 000千克60元，45%生物钾100千克360元，锌、硼、钙、锰、镁等中微量元素50元，塑料膜100千克1 400元，可用两作合计700元，土地费300元，浇水200元，设施折旧900元，用工80个1 600元，每作合计4 700元。

2007年山西市场最低价每千克2元，最高价4元，平均为3元，两作每亩年产优质番茄1.5万千克，毛收入4.5万元，减去成本9 400元，纯利3.5万元，投入产出1∶4.6。

第二节 茄 子

一、平整土地

清除杂物达到临播标准。

二、基肥

每亩施 2 000 千克鸡粪，每产 1 万千克果实施干秸秆 1 200 千克或牛粪 2 000~2 500 千克配华通 EM 生物菌液 1~2 千克，加赛众 28 肥 50~70 千克、45% 生物钾 20 千克，稻壳肥 100~200 千克。按亩产 2.5 万~3 万千克果实投肥。

三、品种选择

选用荷兰布郎，或荷兰黄白长茄，或 702 等细长果品种。点播、穴播育苗，每亩播种量 2 000~2 500 粒。

四、定植方法

定植每亩 1 800~2 100 株，大行 80 厘米，小行 60 厘米，株距 45~50 厘米，起垄栽培。

五、追肥

出苗后，按时定苗、中耕除草、喷施叶面肥，幼苗期叶面喷一次 1 200~1 500 倍液植物诱导剂，防治病毒病，提高抗逆性；定植时用 800 倍液的植物诱导剂灌根，促进根蘖力，提高光合强度，控制植株徒长。结果期每亩施 45% 生物钾 10~20 千克或华通 EM 生物菌液 1~2 千克，平衡土壤、植物营养，吸收空气中的二氧化碳和氮，分解土壤中的磷、钙等矿物元素，并保护有机肥中的营养，供植物均衡吸收，预防各种病害。果实膨大期，叶面喷洒植物修复剂，保证着色均匀，不空洞，以提高品质。

六、病虫害防治

应符合 NY/T 393—2013《绿色食品农药使用准则》标准，准用苦参碱、植物诱导剂，允许使用石灰，硫酸铜制剂每亩用量不超过600克。

七、浇水

茄子管理中不要缺水，适时适量浇水，方可达到有机产品标准和高产要求。

八、收购标准

保留花萼，无创伤，无虫眼，皮色油亮，果长35~40厘米，直径5~7厘米，单果重350~500克。

辽宁省台安县新台镇新台村赵××，温室种植荷兰布利塔越冬茄子，每亩栽2 100株，双干阶梯形整枝，即每层留4个果，去两个生长点。共用华通EM生物菌液30千克、CM生物菌20千克、牛粪7 000千克、鸡粪2 000千克、植物诱导剂150克，分3次叶面喷洒，45%生物钾350千克，每次随水冲施不超过24千克，植物修复素20粒分4次叶面喷洒，株产32果12千克，亩产果2.51万千克，收入近6万元。

第三节 黄 瓜

一、茬口与品种

越冬茬续老株再生选用有刺高产品种绿冠、裕优3号、津优35号等，无刺高产品种选用荷兰系列品种产量高、抗性强、宜嫁接、耐低温弱光的品种。延秋茬和早春茬温室和拱棚栽培，选用津优1号、津优2号等形状好、耐高温、品质好的品种。越冬茬9月下种育苗，延秋茬7月下旬直播，早春茬12月下旬下种。温室越冬栽培亩产1.5万~3万千克，产值3万~4万元；早春和延秋茬亩产0.8万千克，产值1万元左右。夏种勿冬用，冬种勿春用。

二、营养土配制

园土 4 份、腐熟八成的牛粪 4 份、腐植酸肥 2 份,拌 EM 生物菌液体 1 千克,混匀过筛入营养钵或整理成阳畦待播。营养合理,透光性好,土团不易松散。不用杀菌剂、未腐熟粪肥和化肥。

三、下种

种子冰冻或 55℃热水浸种,捞出用铜制剂消毒,置于 30℃温水中浸泡 4~6 小时,取若干烧过的新蜂窝煤,粉碎过筛,放置盆中,将种子均匀播入,浸湿 3 天即可出齐。芽壮、耐寒、抗病、子叶大。浸种要搅水透气,勿缺氧窒息烫死。

四、分栽

2 叶 1 心时,从煤渣盆中起出,分栽入营养钵或阳畦,用有益生物菌或铜制剂拌 700 倍液锌灌根,防治猝倒病引起的死秧。先用铜制剂后用生物菌为好,不能同时混用。

五、适宜温室结构

7~8 米跨度的鸟翼形矮后墙长后坡生态温室,适宜越冬一大茬续老株再生。室内冬至时最低温度在 10℃以上,可栽培嫁接黄瓜。9~12 米跨度适宜安排延秋茬续早春茬,一年两作,保证高产、高效。越冬茬黄瓜与黄皮籽南瓜嫁接,延秋茬或早春茬自生根即可。

六、选膜要求

聚乙烯紫光膜比聚乙烯普通膜的棚冬季温高 1~2℃,膜透光率大 5%~10%,适宜在 4 月前高产优质栽培覆盖。利用聚乙烯三层复合绿色无滴膜越冬透光好、保温,4 月后遮阳效果好,生长采收期长。早春或延秋宜选绿色聚乙烯无滴膜和白色膜,耐老化、不吸尘,成本低廉。冬擦棚膜、夏遮阳可增产34%左右。

七、肥料运筹

温室按每亩产1.5万~3万千克黄瓜计算,每千克碳可供产瓜12千克,第1茬或土壤瘠薄,需多施土壤缓冲量30%~60%,共投碳素营养1 500~2 500千克;第2茬减半,需氮39.4~40千克,磷22.5~45千克,钾75~150千克。早春大棚和露地产量低,可按比例下浮用肥30%~60%。基肥每亩施含碳45%干玉米秸秆3 500~4 500千克堆沤肥,含碳量1 575~2 025千克,含氮0.45%合16~20千克,含磷0.32%合11~14千克,含钾0.57%合20~28千克。或用牛马粪7 000千克,含碳25%合1 750千克。含碳50%的腐植酸肥200千克,合100千克,计含碳1 900千克。再拌鸡粪1 500千克,含碳25%合375千克,含氮1.6%合24千克,含磷1.5%合22.5千克,含钾0.85%合12.75千克。两肥合并含碳2 275千克左右。生长中后期还需追施少量碳素有机肥,含碳25%有机鸡猪粪肥1 000千克左右。每亩施EM有益菌2千克左右,吸收保护氮素;不断分解磷,防止失去酸性而与土壤凝结失效,并均衡供应。40千克钾相当于含钾45%的生物钾90千克,按每千克产瓜85千克计算,可维系产量0.76万千克,尚需在结瓜中后期补充45%生物钾100~250千克,以满足产瓜1.5万~3万千克时钾的需要量。3年以上的地块施肥可少30%左右。常用生物菌可吸收空气中的氮,即可达到植物和土壤营养平衡。碳钾充足,氮磷不浪费、不过多成害,土壤可持续利用。因每亩土壤中保持19千克氮为浓度平衡,磷保持酸性才能均衡供应,故有机肥混合沤制后1/3普施、2/3沟深施。不需补充氮、磷化学混合肥料。

八、温度

白天室温控制在 25~32℃，前半夜 16~18℃，后半夜 10~12℃，地上与地下、营养生长与生殖生长平衡。小瓜少，白天温度降至 20~24℃ 诱生幼瓜；小瓜多，温度升到 30~32℃ 促长大瓜。

九、水分

结瓜期要求保持空气湿度 85%，棚南沿部和顶部开两道缝，及时排湿。20℃ 以上即可浇水，生长中后期保持小水勤浇，土壤持水量 75%，共浇 40 次水左右。秧蔓不脱水，叶背少积水防染病。每次浇水亩施 EM 生物菌剂 1 千克或钾肥 8~15 千克，勿白水空浇。越冬茬、延秋茬地膜迟盖；早春茬栽苗时及时盖，勿开底缝通风。

十、光照

光照下限为 1 万勒克斯，上限为 5.5 万勒克斯。小瓜少，创造低温弱光短日照环境诱生幼苗；小瓜多，创造高温强光长日照环境长产量。光照过强遮阳，过暗吊灯、挂反光幕。生产中要防止光强灼伤叶，光弱根萎缩。

十一、缚蔓

冬至前后和 5—7 月高温期，蔓落到 1.3 米左右，9—11 月和 2—4 月蔓提高到 1.7 米左右，充分利用空间，避免热、冻伤秧。摘除黄、老、密、伤、病叶、腋芽，防止产生乙烯而使植株衰老加快或浪费营养。

十二、气体

白天太阳出来 1 小时后，将夜间所积二氧化碳吸收，上午

10—12时人为补充二氧化碳。如施足碳素粪肥,并分期施10次左右CM生物菌、EM生物菌,二氧化碳可达长期较满足效果。碳氮比(30~90):1,增产60%以上。谨防施生鸡粪和人粪尿过多产生氨气伤秧,造成栽培失败。

十三、防死秧

第二作或发现枯萎病,经常用生物菌占领生态位,一般不会出现粪害、较重病害。定植后,灌一次诱导剂壮根控叶,自身调节力强,可防死秧。喷施铜、锌、锰等营养剂平衡植株,健壮生长。营养平衡不死秧。勿用化学农药,否则灭菌快,但杂菌繁殖也快。用药浓度大,菌虫体快速形面保护层,药液渗透性差,效果不好。植株抗性下降,中后期难管理。

十四、补充营养素防病

细菌性病害如角斑病等,叶面或根施钙、铜素。轻度发病时用硫酸铜、肥皂各50克化开;中度病害用硫酸铜和碳铵各50克化开;重度病害用硫酸铜50克、生石灰40克(分开化,同时倒入容器)对水14千克于20~23℃时叶背面喷洒防治。叶萎缩用50克过磷酸钙、50克米醋对14千克水,过滤喷洒补钙,防病效果良好。真菌性病害如霜霉病、白粉病施钾硼素,僵、老化株及肥、药害株,每亩追施锌素1千克,1次即可;大头瓜、弯瓜、裂口、产量低补钾、硼(热水化开,每亩用0.5千克,一生只需用1~2次),心叶黄补铁,下叶黄补氮,整株叶黄补镁,叶垂补钙。病毒性病害浇水降温,喷锌、硅素灭虫;花小叶僵秧,及时补施腐植酸肥补碳、镁、锌等。

十五、覆盖物

冬季早揭早盖草苫,早见明,夜温高;高温长日照期迟揭早盖,创造短日照环境,促生雌瓜;傍晚以盖后1小时室温在

18℃左右为好。后半夜温度不宜高于13℃。

寒冷季节在草苫外再盖一层膜，室内再架一道膜，可增产20%左右。连阴天也揭苫见明，放晴后勿大通风，以免闪秧。连阴天光弱可叶面喷 EM 生物菌液，平衡营养，根不萎缩。放晴后炼苗、拉苫和通风放气逐步加大。

十六、投入产出估算

以温室为例：每亩施秸秆或牛马粪7 000千克，合350元，鸡粪1 500千克合90元，中后期追施鸡粪800千克合40元，液体生物菌一生追10~30千克合200~600元，固体50千克合100元，45%生物钾150~250千克合330~700元，农大哥生物农药开支100元，膜100千克合1 400元，温室可用两作合700元（大棚可用3~4作，合350元左右），土地费300元，用工80个合1 600元，设施折旧900元，浇水200元，合计开支4 910~5 500元。

每亩产瓜1.5万~3万千克，毛收入2.25万~4.5万元，减去4 910~5 500元，净收入1.76万~3.9万元，投入产出比1：(4.6~7)。延秋续早春两作，一茬栽培用料少50%，两作总产量和产值与越冬一大茬基本相同。

第四节　西葫芦

生态温室和大暖窖，便于生产西葫芦。冬至前后最低室内夜温在8~12℃，适宜西葫芦正常授粉生长，不易染病，春、秋一年两作选择两膜一苫、拱棚、专用温室，避开"三九"和"三暑"天生产。华北地区利用9—11月和2—5月光照和温差生产，效果尤佳。

第七章 茄果类蔬菜有机生产技术

一、品种与茬口

越冬西葫芦 10 月下旬至 11 月中旬播种（法拉丽手、冬玉、寒玉品种），11 月下旬至翌年 4 月上市，每亩产量 1.5 万千克；早春茬 2 月上中旬播种，3 月中旬上市，5—6 月结束；延秋茬在 8 月播种，10—12 月上市（长青 1 号、京葫、早青一代等品种）。早春茬每亩产量 7 000 千克，收入 0.7 万~1 万元；

延秋茬每亩产量 3 500~5 000 千克，收入 0.5 万~0.6 万元。用植物诱导剂灌根 1 次防徒长壮根；越冬茬在冻前浇华通 EM 生物菌液防冻害，促授粉；延秋茬在苗期浇 1 千克硫酸锌，保湿、杀虫、降温、防病毒病。

二、种子消毒

用 55℃ 温水浸种，后用高锰酸钾 1 500 倍液或硫酸铜 200 倍液浸泡种子杀灭杂菌。干种子可在 73℃ 高温下热处理 72 小时灭菌，或浸水后在 -20~-15℃ 下冷冻 11 小时灭菌，抗病效果优异。营养土配制，每亩备 25~30 平方米苗床，用 40% 财吉牌腐植酸肥，或新烧过的蜂窝煤炉渣、40% 表土、20% 腐熟牛粪、2 千克 33% 生物钾肥、500 克华通 EM 生物菌液。深根多无病苗，因深根长果实，浅根长叶蔓，病害多在苗期潜伏，后期表现。勿用氮磷化肥和未腐熟肥。

三、整地施肥

沙性土质增施有机质肥，黏性土质拌沙，深耕 35~40 厘米，改良盐渍化碱性土壤每亩施石膏 80 千克，酸性土壤施石灰 100 千克，平衡酸碱度。以沙壤土质为好，土壤浓度 4 000~6 000 毫克/千克，保水保肥，疏松透气。勿施肥过重，否则使植株根系反渗透脱水或缺氧染病。

以亩产瓜 10 000 千克计，施含碳 25% 左右的湿秸秆堆肥、牛马粪 5 000 千克或含碳 45%干秸秆 3 000 千克左右，鸡粪 1 000 千克，含碳 50%的腐植酸肥 300 千克，或分 4 次冲入人粪尿（含碳 8%）2 000 千克。生物钾多施 30%也有增产幅度，结瓜期分 2 次可补施 45%生物钾 50 千克，华通 EM 生物菌固体 10 千克，液体 2 千克，解钾释磷固氮，氮磷钾比：2：1：(5~6)，碳氮比达（30~80）：1。土壤营养平衡，地下根与地上蔓生长平衡。肥粉碎过筛或用 EM 地力旺菌液 2 千克分化，并可吸纳空气中氮和二氧化碳，腐熟到七八成熟，否则易失去营养或过量烧伤根系染病。

四、水分

苗期控水切方移位囤苗；定植后控水蹲苗，促扎深根；结果期浇小水，地面见干见湿，宜选用微喷灌，控水控湿控秧，防病促瓜。培育深根矮化秧苗，防止干旱冻害和积水缺氧沤根染病死秧。

五、种子密度

每亩栽法拉丽 1 100 株、冬玉 1 600 株、早青 1 800 株，温室越冬宜稀植，早春、越夏宜密些。疏枝疏叶，互不遮阳；不拥挤丛长，叶蔓不疯长，没有无效叶和枯叶。防密植、株旺、病多，果实产量低。

六、温度

白天 20~25℃，上半夜 16~17℃，下半夜 6~10℃。正常授粉受精，秧适中，瓜多而生长快。谨防温度过高徒长化瓜，温度过低秧僵化和冻害染病。

七、气体

田间主施碳素肥（干秸秆含碳 45%、牛粪含碳 26%、腐植酸肥含碳 30%～54%），在 EM 有益菌剂作用下产生二氧化碳，增产幅度 30%～80%。防止氨气、二氧化硫、一氧化碳中毒染病。

八、薄膜

越冬茬选用聚乙烯（浑江产）紫光膜，寒冷季节，透光保温性高，4 月前产量高；早春、延秋两作用聚乙烯绿色和白色膜，节支适用，昼夜温差大，植株根深、蔓矮、果实大，增产幅度 25%～30%。勿用高温聚氯乙烯膜在早春、延秋覆盖中温性西葫芦，以免灼伤叶片或徒长，这不符合蔬菜用膜要求。

九、光照平衡

冬季擦膜，后墙挂膜反光，吊灯补光；夏季棚面泼泥水挡光降温。西葫芦适宜光照强度 1 万～4 万勒克斯。夏用遮阳网勿过度，以免蔓在弱光下徒长。光弱时要揭开补光。

十、防病

叶面补锌、硅防治病毒病；施钾、硼防治真菌性病害；喷施铜、钙素防治细菌性病害；喷有益菌，分解平衡营养，以菌克菌。

轻度病害用硫酸铜和肥皂各 50 克，中度病害用硫酸铜和碳铵各 50 克，重度病害用硫酸铜 50 克，生石灰 40 克，分开化，同时倒入容器，对水至 14 千克喷叶背，效果优异。配合缩短 15～21℃温度的时间、降湿、防干旱，防治病害。补营养可防病抑菌，提高植物抗性。补元素勿过量，以免产生拮抗作用，或渗透性不好，效果差。生物剂与铜制剂勿混合。

十一、生态防虫

沤粪时施生物菌或中草药剂防虫。地下害虫，将炒香麦麸、敌百虫、糖、醋按5∶1∶1∶1制成毒饵诱杀；地上害虫，用灯光诱杀、外围粘虫膜粘杀或气体熏杀、黄板诱杀。一般无虫、植株无伤即无病毒病。保护蚯蚓和天敌，勿随水浇化学剧毒农药。

十二、收购标准

无创伤，无虫眼，皮色绿亮，果长25~30厘米，留花，直径5~7厘米，单果重300~350克。

山东省平原县坊子乡张仁村王××，2007年9月下种，10月嫁接，选用法国冬玉品种，每亩温室内栽2 200株，田内施玉米秸秆3 300千克（6亩地的秸秆），牛粪4 000千克，羊粪1万千克，EM生物菌液30千克（每次用1~2千克），植物诱导剂800倍液灌根一次，每15~20天叶面喷一次植物修复素，总投资1 800余元，到2008年6月3日，秧子还绿壮，只是西葫芦瓜价每千克下降到0.4元，1 000平方米产瓜1.3万千克，收入4.2万余元。

按碳素肥+生物菌+植物诱导剂+植物修复素，西葫芦产量、产值都提高30%~50%。

辽宁省锦州市义县城关镇乡头沟村夏××，2008年12月下种，选用法国凯沙西葫芦品种，每亩施牛粪7 000千克，50%硫酸钾70千克，EM生物菌15千克，植物诱导剂50克，产瓜1.8万千克，因设施简陋，上市延迟，收入1.8万元。

第五节　西　瓜

西瓜常规栽培亩产量3 000千克左右，使用有机肥、有益菌、植物诱导剂、钾、植物修复素技术，产量可翻番。

（1）每亩栽800株左右，在每株的根系下穴施牛粪3~4千克，拌鸡粪0.5千克，可供产西瓜10千克左右。

（2）粪肥提前20天用2千克EM生物菌分解，或穴、沟施入田间后，在穴沟粪上浇入生物菌分解和平衡土壤与植株营养。

（3）结瓜期每株随水穴灌硫酸钾200克，分2~3次施入，膨瓜增甜。

（4）定植后每亩取25克植物诱导剂，用250克开水化开，放48个小时，对水20千克，均匀地浇灌在西瓜秧根茎部，增根，提高光合强度。如结瓜期秧蔓过大，叶面上喷一次800倍液的植物诱导剂控蔓促瓜。

（5）西瓜膨大期叶面喷1~2次植物修复素，壮瓜控蔓，瓜下垫草，或用网袋悬吊瓜增加甜度，瓜面光滑，瓜瓤沙脆。

山西新绛县南梁村付××，2009年种植14个大棚，其中7个棚种植西瓜，3月每亩施鸡粪6立方米，三元复合肥100千克，造成土壤浓度大，20天植株僵化不长，用EM生物菌每亩冲入2千克，3天恢复生机，之后增产明显，效果优异。而留两行对照，仍处于僵化状态。后来又用植物修复素喷洒叶面，45%硫酸钾每次施24千克，瓜甜、瓤脆、皮薄。亩产达5 050千克。

第六节　甜　瓜

温室一年可种2~3茬，早春茬甜瓜一茬亩产5 000千克，技术如下。

一、品种选择

中密1号，系中国农业科学院和新疆哈密瓜研究中心合作育成的新品种。其特点为易授粉坐瓜，瓜皮细网纹，浅青绿色，瓜肉厚3厘米，质脆清香，折光糖度15%以上，单瓜重可达1千克。

密龙，由天津市蔬菜研究所育成。高温、低温均能正常开花坐果，瓜皮粗网纹，灰绿，成熟略转黄，单瓜重2千克，肉厚 3~4 厘米，鲜美爽脆，折光糖度 16%，适宜春、秋两作保护地栽培的新品种。此外，状元、新世纪、伊丽莎白、金密均宜在温室内一年两茬栽培。

二、茬口安排

甜瓜从下种到收获仅 90~120 天，一年可种 2~3 茬。目前，甜瓜低价期仍在露地甜瓜盛产期（即 6—10 月），为此，大棚栽培上市期应瞄准 11 月至翌年 5 月，即秋茬下种期宜确定在 7—8 月，11 月至翌年 2 月前上市；春茬下种期宜 10 月至 12 月初下种，翌年 3—5 月上市。早春栽培宜 1 月下旬播种，2 月下旬定植，3—4 月上市。

三、育苗要点

每亩需种 50~75 克，将种子放入瓦盆，倒入 55℃ 温水，边倒水边搅拌，水温下降到 25~30℃ 时，浸泡 4 小时，然后用湿干净纱布包好，放在 30℃ 处催芽，20~24 小时后露白即可播种。因甜瓜根系生长快且易老化，不易伤根，适宜 10 厘米见方的营养钵育苗，营养土为 20% 腐植酸肥、30% 腐熟牛粪、50% 阳土。每平方米基质加入 0.1 千克磷酸二氢钾，搅匀装入 7~8 厘米高的育苗钵，种芽向下，覆湿润营养土 1~1.5 厘米，浇水至渗透到种子处。白天温度 25~32℃，夜间 18~20℃，2~3 天出苗后，昼夜温度下降 5℃，防止高温徒长。幼苗 3~4 片真叶，苗龄 35 天左右定植。

四、定植

当土壤 10 厘米地温稳定在 15℃ 以上时移栽。移栽前，每亩施牛粪 3 000 千克、鸡粪 2 500 千克、腐植酸磷肥 80 千克、硫酸钾 30 千克，50% 撒施，50% 穴条施。温室内按 80 厘米行距，大棚按 60 厘米行距整畦，株距 35~40 厘米，每亩栽 1 800~2 000

株。日光温室采用吊立式栽培,大棚采用搭棚式缚蔓。

五、提高品质和效益措施

选适销对路品种,如黄绿色、金黄色、米黄色和浅绿色,圆形品种,杜绝生瓜上市。

不施氮、磷化肥,保证钾、碳肥和生物菌液。过量施氮素肥,不仅可萌生过多侧枝,分散营养,影响膨瓜,而且会降低含糖量。在有机肥施足、瘠薄地可增施标准用量的50%前提下,叶面结构以互不拥挤、田间散射光充足、地面可见直射光5%左右为准。

钾是使甜瓜膨大的主要营养物质,结瓜期按100千克50%硫酸钾产瓜6 000千克投入,可大幅度提高产量,增加含糖量0.8%左右。每亩施50千克芝麻或大豆饼肥食味更佳。

保证在结瓜期昼夜温差在15℃左右,即白天28℃,晚上12~13℃。越冬栽培宜建造无后墙或短后墙生态温室,冬至前后室内最低温度在12℃以上,白天30℃左右,保证光合强度、营养运转和积累。

禁止大水漫灌:甜瓜根系浅而密集,持水耐旱,不需大水漫灌,否则易积水沤根,影响光合产物的积累,使瓜小质劣。可装备滴管或铺沙降湿栽培。

盐碱地平栽盖地膜:pH值超过7.5的水土地块,为防止地面土含碱过重,可采取平畦栽植。11月至翌年4月铺地膜保墒保温,控湿控碱。

六、矮化壮秧促瓜

4~5片叶时将主蔓摘心,促生侧蔓,选两个壮侧芽引吊上架;单蔓整枝留1芽,其余子孙侧蔓全部摘除。一般留瓜多在10~14节处,如苗期喷灌植物诱导剂,可在8~10节处留一瓜,还可在14~16节处再留一瓜。株植矮化,增产明显。当瓜250

克左右时,用网兜吊起,高度一致,便于管理。

七、人工辅助授粉

甜瓜必须授粉结瓜,无传粉需进行人工授粉,即在9—10时,将当天新开雄花摘下,将散粉雄花花冠摘除,露出雄蕊,往雌花柱头上涂抹,一朵雄花可涂3~4朵结瓜花,经昆虫或人工授粉的瓜风味纯正。用防落素蘸花处理,瓜畸形,有异味。

八、病虫害防治

有机甜瓜生产要求,不准用化学农药,只准用生物农药和前期用少许有机、残毒不超标农药。为此,育苗期可喷铜制剂增强植株对真菌、细菌病的抗性;管理中用低温15℃以下、高温40℃以上控制和杀灭霜霉真菌和叶斑细菌;高温干燥、通风换气防病;及时摘子孙蔓,老、黄、伤叶片控病;用齐螨素、潜蝇宝防治斑潜蝇。

广东省湛江霞山区新园路10号詹××,2009年种植春甜瓜97.5亩,品种选用新疆哈密瓜,按每亩施牛粪2 000千克,生物菌2千克,硫酸钾20千克,植物诱导剂50克。一年两作,亩产瓜4 000千克,每千克平均售价5元,收入2万元左右。

第七节 辣 椒

一、平整土地

清除杂物达到临播标准。

二、基肥

每亩施2 000千克鸡粪,每产10 000千克果实施干秸秆1 200千克或牛粪2 500千克配华通EM生物菌液1~2千克加赛众

28肥25千克，加45%生物钾20千克，稻壳肥100~200千克，豆粕生物有机肥50~60千克。按每亩1.5万千克产量投肥。但鸡粪每亩用量不超过5立方米，45%生物钾一次施入量不超过24千克。

三、播种方法

选用荷兰37-72或南蔬青衣天使等长形小果品种。点播、穴播育苗，每亩播籽量2 200粒左右，定植1 800~2 100株。大行80厘米，小行60厘米，株距45~50厘米，起垄栽培。

四、追肥

出苗后，按时定苗、中耕除草、喷施叶面肥，幼苗期叶面喷一次1 200~1 500倍液植物诱导剂，防治病毒病，提高抗逆性。定植时用800倍液的植物诱导剂灌根，促进根分蘖，提高光合强度，控制植株徒长。结果期每亩施45%生物钾10~20千克或华通EM生物菌液1~2千克，平衡土壤、植物营养，吸收空气中的二氧化碳和氮，分解土壤中的磷、钙等矿物元素，分解和保护有机肥中的营养，供植物均衡吸收，预防各种病害。

五、病虫害防治

应符合《绿色食品农药使用准则》（NY/T 393—2000）标准，准用苦参碱、植物诱导剂、超敏植物蛋白，允许使用石灰，硫酸铜制剂每亩用量不超过600克。

六、浇水

辣椒管理中保持空气干燥，以滴灌为好，方可达到高产要求。

七、收购标准

辣椒果顺直，淡绿色，长 15~26 厘米，直径 3~4 厘米，单果重 80~100 克，无虫眼，无伤痕。温室种植越冬辣椒，选用早熟、耐弱光、耐寒荷兰 37-72 品种，每亩栽 1 800 株。

辽宁省台安县高利坊村史××，温室种植越冬辣椒，选用早熟、耐弱光、耐寒，果长 8~25 厘米，单果重 80~100 克的荷兰 37-72 品种，每亩栽 1 800 株。按有机碳素肥（饼肥 500 千克、牛粪 7 000 千克、鸡粪 2 000 千克）+华通 EM 生物菌液 10 千克+植物修复素+钾技术，株产约 10 千克，每亩产 1.6 万千克，收入 6 万余元。其中 2008 年 4 月 18 日，一次每亩采收 1 200 千克。

第八章　叶菜类蔬菜有机生产技术

第一节　长椰菜

一、品种特征特性

日本绿箭长椰菜（大白菜），叶球食味脆甘，纤维细，嫩白；外叶浓绿，株型直立，宜密植；冬性弱，苗期应避免10℃以下低温，以免抽薹开花。

二、播种时间

在山西省3月下旬到4月上旬播种。育苗于3月中下旬于拱棚或温室内播种，在4月中旬定植于露地。育苗时室温应保持在13℃以上。直播的待温度维持在8~10℃时下种，植株茎粗0.5厘米，叶片直径大于5厘米，温度应保持12℃以上。防止10℃以下温度时间超过60小时，避免通过阶段发育而抽薹开花。

三、用种量

育苗每亩用种25克，直播每亩需50克左右。

四、种植密度

每亩定植6 000株左右，即株距30厘米，行距35厘米。

五、整地盖地膜

提前深耕35~40厘米，整平、施基肥、起垄、盖地膜，以提升温度。直播的可在条播或点播后盖膜。

六、田间管理

按每棵叶球重1.4千克，亩产8 000千克投肥，每亩需投入2 800~3 500千克有机肥（以鸡粪为主），冲施生物有益菌液3~4千克，分解和保护养分。结球期分次施入45%硫酸钾50~75千克，每次最多不超过20千克。莲座期喷一次钼元素或青鲜素，防止抽薹。定植后用800倍液植物诱导剂灌根一次，促长壮根，提高光合强度。叶球抱合期在外叶上喷一次植物修复素，控外叶，促叶球充实。遇高温、干旱天气，随水冲施生物菌液1~2千克，平衡植物营养，防止干烧心和软腐病。用阿维菌素、苦参碱防治虫害；田间撒草木灰或沤黑的麦、稻、谷壳等含硅丰富的物质避虫。

第二节　娃娃菜

一、品种特征特性

选用韩国贝蒂娃娃菜，植株生长强健，株高30厘米，开展度35厘米左右，叶色绿，叶球合抱，筒形，叶球浅绿，球内叶黄色，叶球高20厘米，直径12厘米，合理稀植最大球重1千克左右。抗病性强，耐抽薹，商品性好，适应性强，适宜密植栽培，每亩产量可达5 500~6 000千克。

二、播种时间

在晋南地区可选择3月下旬到4月上旬播种，育苗于3月中下旬在拱棚或温室内播种，4月中旬定植于露地。育苗期间温度应保持在13℃左右。

三、用种量

本品种属早熟小型品种，作娃娃菜栽培时，育苗亩用种50~60克，点播亩用种约100克。

四、种植密度

每亩种植8 500株左右，即株距25厘米，行距30厘米。产品要求毛菜单株重0.4千克，叶球充实。

五、整地盖地膜

提前15天深耕35厘米左右，整平、施肥、起垄、盖地膜，以提升地温。直播可在条播或点播后盖膜。

六、田间管理

按每亩产4 500千克投肥，需施鸡粪1 500~2 000千克（施入1 000千克左右牛粪），硫酸钾15千克，2次青鲜素或者钼元素，防止抽薹。心叶抱合期，在外叶上喷一次植物修复素，控制外叶生长，促进心叶充实。每次浇水冲入华通EM生物菌液1千克，高温干旱期叶面喷过磷酸钙米醋液300倍液，或在傍晚喷有益生物菌1 000倍液，防止干烧心。用赛众28、苦参碱防治虫害；田间撒草木灰或沤黑的麦、稻、谷壳等含硅丰富的物质避虫。

第三节　结球生菜

一、环境要求

美国射手101结球生菜，本品种喜冷凉气候。种子在4℃开始发芽，生长适温 15~20℃，结球适温 10~18℃，超过 25℃叶球生长不良，易先期抽薹，在潮湿、高温环境下易腐烂。在定植前 15 天，每亩冲施硫酸铜 600 克，增强植株的抗软腐病能力。适宜中性或微酸性有机质丰富、疏松的沙壤土质。

二、品种特征特性

本品种耐寒，适宜冬、春季栽培。

三、栽培技术

山东、山西春露地栽培，一般在 2 月下旬至 4 月上旬播种育苗；秋露地于 8 月上旬至 9 月上旬播种育苗，秋季育苗种子应在低温（5~10℃）下催芽，并用遮阳网覆盖。采用 108 孔苗盘，每孔播 2~3 粒种子，浅播，每亩用种量 15 克左右。

按每株毛重 800 克投肥，亩产 4 500 千克，需施入鸡粪 1 000~1 500 千克（拌 1 000 千克左右牛粪）、生物菌 2~3 千克，深耕 35 厘米，细耙作畦，连沟带畦宽 1 米，起 15~20 厘米垄。3 月下旬至 4 月中下旬定植于露地，每畦栽两行，株行距 25~30 厘米，每亩栽 4 500~5 500 株。

结球生菜生长期 90 余天，一般 7~10 天随水追肥 1 次。定植后 4~6 天冲施一次生物菌液，以促进发根和叶生长。开始包心时，每次冲施 45%硫酸钾 7.5~10 千克，或用华通 EM 生物菌液 1 千克。结球生菜忌干旱，也不能太湿。定植至开始包心（莲座期）勤浇跑马水，保持土壤湿润。进入莲座期，要严格控制水分，避免病害发生。结球期忌畦面积水或植株接触水分，故不宜采用淋水或喷灌，可采用跑马式沟灌或在行间渗水，采收前 10 天应控水。

四、防病虫

每亩取麦麸 2.5 千克，炒香，拌糖、醋、敌百虫各 500 克，用塑料布垫底，傍晚放置田间，诱杀地老虎等地下害虫，早上捡起消灭。或田间撒草木灰，或撒沤黑的麦、稻、谷壳等含硅丰富的物质避虫。冲施或叶面喷洒生物菌，平衡植物营养，增强植物抗逆性，防治病害发生和蔓延。

五、采收

结球生菜从定植到收获约80天，采收时用两手从叶球两旁斜按下，以手感叶球紧实，留3~4片外保护叶收获。

第四节 甘 蓝

鸟翼形温室或大暖窖越冬栽培，10月上旬育苗，早春塑料拱棚11月中下旬至12月初下种。品种宜用8398。供应港澳特区宜用日本中心甘蓝品种。2月至5月下旬上市，每亩栽4 000株左右，单球种1 3千克，亩产5 000~6 000千克，收入5 000~8 000元。谨防下种早，苗龄过大，栽后受冻。茎粗0.6厘米，叶直径达0.5厘米，在10℃以下低温时通过阶段发育，45天内不包球便抽薹开花。早春越夏甘蓝，宜选用日本牛心品种，早熟耐热。早春栽培于1月至3月上旬下种，夏秋在6—8月下种，单球重1.2千克，抗热、耐运，抗黄萎病和黑腐病。

一、育苗

育苗冷床宽1.5米，长5~6米，深15厘米，床土配制腐植酸磷肥30%、表土50%、腐熟牛粪20%、矿物磷钾粉1千克。床土整平，灌足水渗完后，用腐植酸肥或表土拌华通EM生物菌液50克，拌肥土20千克撒一层，播籽后再覆肥菌土0.5厘米，支架盖膜，白天20~25℃，晚上10~15℃，让苗缓慢生长。营养全，无黑根，苗抗旱、抗寒。不施化学氮肥。

3叶1心时，按株行距6~8厘米分苗，用EM生物菌700倍液喷施，平衡土壤营养，增加根系长度。注意：浓度勿过大，有益生物制剂与中草药杀菌剂不能混用。

二、温湿度管理

幼苗期白天25℃，晚上18℃；生长中后期白天20℃左右，莲座叶有丛长现象，夜温降到12℃左右；包球期夜温5~10℃为适，昼夜温差保持8~10℃。幼苗期停水囤苗，提高地温；结球期不要缺水，降温促包球。地上、地下平衡，不徒长。幼苗大，控温控水；僵化苗、小苗升温，浇一次1 000倍液硫酸锌，促长赶齐。

三、覆土防病

幼苗出土后，覆两次营养土，20%腐植酸拌EM生物菌。取硫酸铜50克，按病害轻、中、重度，加肥皂、碳酸铵或生石灰50克，对水14千克喷叶背，防治效果优异。茎粗根冠大，抗病耐寒。干燥时浇水后覆土。喷药在20℃时进行。冬前在土未冻时，按株距38厘米，行距44厘米，刨定植穴，经日晒雨淋、冷冻、杀灭杂菌、害虫，活化地表土壤。定植后缓苗快，长势强。

四、肥料运用

温室、大暖窖和两膜一苫保护栽培在11月下旬定植，早春小拱棚栽培在2月初移栽，8398品种越冬和早春栽培，每亩栽3 800~4 000株，日本牛心品种每亩栽5 500~8 000株。

按每亩产叶球6 000千克投肥，每亩穴侧埋施鸡粪1 500千克、牛马粪2 500千克，结球期再施45%生物钾15千克，可使外叶与球心比例拉大为3∶7。尚需在沤肥期和生长中后期追施3次EM生物菌3~6千克，分解磷、钾、钙营养，保护肥中营养和从空气中吸收氮（含量71.3%）、碳（含二氧化碳300毫克/千克）营养，可维持和满足需要。

营养合理持效，土壤含氧量达19%~23%，无杂菌，甘蓝外叶小，棵大而充实。防止超量施鸡粪，造成浪费和烧伤根系而死秧缺苗。鸡、牛粪拌匀施在定植穴侧。前期施生物菌、氮肥扩叶，结球期控氮控外叶，使棵与棵之间叶片互相遮盖率不超过10%，冲入硫酸钾10千克可使叶片加厚，外叶与叶球比扩大到3∶7。

五、田间管理

（1）幼苗期保温扩外叶。12月至翌年3月气温低，以保温为主，叶面喷硫酸锌或有益生物剂。亦可在低温期和幼苗扩叶期根部放置黑色塑料袋内装EM菌和水，白天吸热，晚上保湿，增强外叶生长。结球期破袋，使菌液流出，分解营养，促进包球。用3 000倍液的植物诱导剂（中草药）喷叶片，喷后1小时再喷一次清水，可促根系增加50%左右，光合强度增强50%以上。莲座期喷植物诱导剂700~800倍液，控叶促球。

（2）结球期早通风控外叶。叶片占地面85%时，及早通风，超过23℃就放风。如肥和有益菌剂不足，可在结球期亩施20千克生物钾，中午选好天气，浇碳酸铵30千克。早期叶肉皱补钙，叶脉皱补硼，叶色淡补镁、氮，前期护外叶，后期控制外叶生长，使营养集中长叶球。防高温外叶徒长、防阴凉簇丛叶不包球，勤浇水降夜温和地温促包球。

（3）注重浇施菌肥。每次每亩冲施华通EM生物菌液1千克或叶面喷施3~4次，连阴天效果尤佳。按上述肥要求施足，生育中后期不再追其他肥，就能满足高产营养供给，且早春栽培无大病虫危害，无需用药。

（4）防抽薹开花。定植时淘汰叶直径超过5厘米、茎粗超过0.6厘米的大苗。一是定植后将保护地温度控制在12~25℃，不能低于10℃以下连续60小时左右，防止抽薹；二是结球初期掌握低温（13~20℃）、弱光（2万~3万勒克斯）、短日照（每天 6~8 小时见光），预防抽薹；三是整个生长期叶面不补氮、糖可防抽薹；四是定植后控水蹲苗，深根多，稀植防抽薹；五是结球期晚上浇水降夜温至 6~8℃，可促进长球，抑制抽薹；六是包球前向心叶里喷 50% 钼酸铵 20 克对水 15 千克液，可抑制抽薹，促进包球。采取系列措施可保证全部包球而不抽薹开花。

（5）防干烧心。结球初期用米醋 50 克、过磷酸钙 50 克对水 14 千克，叶面喷 2 次。也可用 EM 强钙宝，每 150 克对水 14 千克喷施补钙，心叶无焦边，不皱叶。如施华通 EM 生物菌液或中温高湿环境不能补钙。

甘蓝收购标准，米黄色心球，重 650~750 克，大小均匀、无畸形，叶色青绿，无黄点、无病虫斑。

第五节　菜心、菠菜、油麦菜

一、平整土地

清除杂物达到临播标准。

二、基肥

按品种需要每亩施堆沤完成的 500~2 000 千克鸡粪、牛粪 500~2 500 千克、华通 EM 生物菌液 1~2 千克、豆粕生物有机肥 20~30 千克、赛众 28 肥 20~25 千克、45% 生物钾 10~20 千克。

三、品种选择与播种

菜心选用农悦 1 号；油麦菜选用四季大叶，株、行距各 30 厘米；奶白菜选用锦绣矮脚和南蔬 70；上海青油菜选用日冠青梗，株、行距各 25 厘米。撒播、点播或穴播。

四、追肥

出苗后按时定苗、中耕除草，叶面喷施植物诱导剂，赛众28肥浸出液。壮苗期追肥浇水，每亩施45%生物钾10千克，配生物菌液1~2千克。产品生长初期，叶面喷700倍液的硼砂水溶液（40℃温水化开），防止茎秆空心。

五、病虫害防治

应符合NY/T 393—2013《绿色食品农药使用准则》的规定，准用苦参碱，允许使用生石灰、少量硫酸铜铵合剂，用生物菌剂杀虫，用硅、铜物避虫，用防虫网防虫，黄、蓝板诱杀害虫。

六、浇水

根据雨水多少来确定浇水次数。

七、产品收购标准及规格

菜心：茎长13~15厘米（切口至花蕾处），茎粗1厘米以上，无空洞（茎秆中心不发白），花蕾多数不开放（限1~3朵花），叶色青绿，茎秆浓绿，无病叶、虫叶和黄叶，鲜嫩无病斑，无开花、抽薹。

菠菜：叶长25~30厘米，叶色翠绿，不抽心，无黄叶、花叶、病虫叶；留根基1.5厘米。

油麦菜：茎粗1.5~3厘米，单株重300~500克，叶长25~30厘米，不抽心，无黄叶、花叶、病虫叶。

第九章 根茎类蔬菜有机生产技术

第一节 胡萝卜

一、平整土地

选沙壤土质,深耕35厘米,起垄高20厘米,清除杂物达到临播标准。

二、基肥

每亩施2 000千克鸡粪、2 500千克牛粪配华通EM生物菌液1~2千克、豆粕生物有机肥40~60千克,加赛众28肥25千克,加45%生物钾20千克。

三、品种选择和播种

选用日本黑田5寸品种(红皮、红心、红肉),起垄20厘米,撒播或穴播,每亩播种量400克左右。雨后播种,可达到播后保全苗。如无雨抢播,要做到播后及时浇水,地皮不干时再浇一次水保全苗。行距22厘米,株距13厘米。

四、追肥

出苗后按时定苗、中耕除草、喷施叶面肥、植物诱导剂。萝卜破肚期追肥浇水,每亩施生物钾20千克,配豆粕生物有机肥10~20千克。为防止胡萝卜青头,应及时覆土。

五、病虫害防治

应符合《绿色食品农药使用准则标准》的规定，准用苦参碱、植物诱导剂，允许使用石灰、硫酸铜制剂，每亩不超过600克。

六、浇水

根据雨水多少来确定浇水次数，一般年份需保障3次浇水，方可达到亩产4 000~5 000千克。

七、收购标准

无虫眼、无抽薹、无青头、无斑点、无须根、无裂伤、无分叉，收尾好，表面光滑，外观美，长度18~22厘米，重量250~400克，直径5厘米。

第二节 马铃薯

一、品种选择

荷兰15号植株生长健壮，薯块肾状形，芽眼少而浅，皮深黄色，肉鲜黄色，食感脆度好，无纤维感，单球重200克左右，适宜在冷凉季节和冷爽环境中生长，如山间沟中。晋南在早春3月地温稳定在8℃以上下种，7月上市；第二茬在6月下种，10—11月收获。

二、种薯切块

盖沙催芽，为避免种薯切块后腐烂，应在催芽后播种前2~3天切块，有利于马铃薯早出苗，节省种薯。

种薯50克以下的可整薯播种；重51~100克的种薯，可纵向一切两瓣；重100~150克的种薯，采用纵斜切法，把种薯切成四瓣；重150克以上的种薯，从尾部根据芽眼多少，依芽眼沿纵斜方向将种薯斜切成立体三角形的若干小块，每个薯块要有两个以上健全的芽眼。切块时应充分利用顶端优势，使薯块尽量带顶芽。同时应在靠近芽眼的地方下刀，以利发根。另外应注意使伤口尽量小，而不要将种薯切成片状和楔状。

薯块大小，每千克种薯切25块左右，一般单块重35~40克。每个薯块要带两个以上健全的芽眼。

切块使用的刀具应用75%的酒精或0.5%的高锰酸钾溶液消毒。每人两把刀轮流使用，当用一把刀切块时，另一把刀浸泡于消毒液中，每切完一个种薯换一把刀，以防止切块过程中传播病害。发现病烂薯要及时淘汰，切到病烂薯时要把刀具擦拭干净后用酒精或高锰酸钾消毒。

为防止薯块腐烂，种薯切块后用草木灰或2 000倍液的植物诱导剂拌种。草木灰拌种：种薯切块后，每50千克薯块用2千克草木灰、100克多菌灵加水2千克进行拌种，拌种后不积堆、不装袋，置于闲房地面上晾24~48小时后即可播种。或用72%的农用链霉素均匀拌入50千克滑石粉混合成粉剂，种薯切块后，每50千克薯块用2千克混合粉剂拌匀。要求切块后30分钟内进行拌种处理。

播种时土壤不要太湿，地温不要太冷。淘汰发蔫发软、薯皮发皱、发芽长于2厘米的种薯。

三、整地施肥

选地势高燥，排水方便，土质沙壤的地块，按亩产5 000千克投肥，需施牛粪4 000千克（理论数据，每千克可产马铃薯4千克），或者玉米秸秆2 000千克（理论数据，每千克可产马铃薯6千克），鸡粪1 000千克（因土壤中要有30%~50%碳素缓冲量，故要适量多施）。

秸秆生物反应堆技术,每亩每茬能有效利用2 500平方米的玉米秸秆;用2千克EM生物菌分解,能提高地温4~6℃;对某些病虫害的防治效果可达95%,无需施化肥、农药;农产品的上市期可提前5天,收获期可延长30~40天,平均增产50%以上,马铃薯品质达国际有机食品标准,并能从根本上解决长期施用化肥导致的土壤生态恶化、农产品污染等问题。在作物定植前20天,秸秆堆置,然后浇水、接种菌苗,每2 500千克秸秆用菌种2千克,浇水湿透秸秆为准,水分不要太大。

四、播种密度

宽行1米,有机肥主要施在垄上,垄高20厘米,宽60厘米,中间播两行,行距40厘米,株距25厘米左右,每亩播种5 500株,播种深度10厘米。

五、田间管理

(1) 苗期保持土壤湿度60%~65%,开花期70%左右,结果期80%左右。

(2) 结果期一次随水施入华通EM生物菌液1~2千克,另一次随水施入45%硫酸钾20千克,总需施钾肥50千克。

(3) 植株高40厘米时,叶面喷洒800倍液植物诱导剂,控制植株生长,提高光合强度。

(4) 植株高50厘米时,叶面喷1~2次植物修复素,打破植物生长顶端优势,促进叶面营养往块茎中转移。

(5) 田间撒施草木灰、赛众28、稻壳黑质化物等含硅物质,或者在土豆田周围洒硫酸铜避虫。

第十章 葱蒜类蔬菜有机生产技术

第一节 洋葱

一、品种选择

选用日本黄冠大玉（铁球）品种。

二、育苗期

8月25日至9月10日，苗圃上用牛粪和土杂肥30%左右，EM生物菌500克，每亩用种量150~200克（3万~4万粒）。

三、定植时间

10月10—20日，行距15~16厘米，株距12~13厘米，每亩栽2.2万~2.6万株。

四、定植后浇水

用800倍液植物诱导剂蘸根或灌根，每亩用量50克，1小时之后，每亩随水冲施华通EM生物菌液1~2千克、45%生物钾10千克。

五、地膜覆盖时期

12月10—20日，冻前不缺水，根系不悬空，确保安全越冬。

六、返青管理

2月20—25日浇水，每亩随水冲施45%生物钾10~20千克，EM生物菌1千克，浇水后中耕除草，喷施阿维菌素防虫。

七、中期管理

3月10—20日浇第二次水，每次冲施45%生物钾10~20千克，如植株徒长，叶面喷施植物诱导剂800倍液控叶，促进葱头膨大。

八、后期管理

4月15—20日浇第三次水，5月15日起陆续采收。采收前15~20天停止浇水。

九、底肥标准

要求一次施足，以有机生物肥为主，配方一：堆沤腐熟的鸡粪1 000千克、牛粪2 000千克或2亩地玉米秸秆，赛众28生物肥15~20千克，华通EM生物菌液1~2千克喷施粪肥，分解和保护有机肥，45%生物钾20千克。施肥后精细管地，达到临栽标准。配方二：玉米干秸秆1 500千克（2亩地的湿秸秆），豆粕生物肥100~150千克，赛众28生物肥20~25千克，华通EM生物菌液1~2千克喷施粪肥，45%生物钾20千克。

十、采收

采收后保持干燥，非强光，半遮阴晾晒5~7天，待主茎脱水后留1.5厘米剪去秧，不留须根，按葱头直径6~9厘米、9厘米以上、6厘米以下分类存放待售。

第二节 大　蒜

大蒜一般每亩产蒜头1 000千克左右，每千克0.4元；蒜薹750千克左右，每千克1元，总收入2 000元。近几年每亩投入600~700元，但产量徘徊不前。

按每亩产蒜头和蒜薹3 500~4 000千克计算，需纯氮17.8~20.4千克，五氧化二磷4.5~5.2千克，氧化钾6.3~7.2千克。如需追求高产，只需注重施有机碳素肥和生物菌肥，主要管理创新点：一是施用牛粪、秸秆、腐植酸肥等含氮、磷较少，含碳、氢、氧多的肥料；二是用生物菌充分分解土壤和有机肥中的营养，就能取得高产优质的效果；三是注重施生物菌剂除臭化蛆，如EM地力旺、CM亿安神力有益菌等生物制剂，以及施能避虫的铜、硅物质。

氮多造成的营养生长过旺，会抑制蒜头、蒜薹生长，注重在早期叶面上喷植物诱导剂，控制叶片过大过肥，促进营养往蒜头、蒜薹转移，就能取得较高产量。

大蒜于9月28日至10月5日下种，地膜覆盖的10月5—20日下种，株行距（4~10）厘米×（20~22）厘米，每亩株数2.9万~3.5万株。合理稀植，便于茎叶矮化，蒜头、蒜薹增大、增重。

大蒜的施肥方案：一是用生物有机肥80千克，合160元，提供较充沛的碳、氢、氧，是增产的基础。二是赛众28矿物肥10~20千克，合32~64元，可供给40多种营养成分，其中含硅42%，可起避虫作用；如果亩施稻壳100千克、草木灰200千克，也可补硅起避虫作用。三是EM生物菌液2千克，合40元。

有机肥与生物菌结合效果好，特别是秸秆含碳45%、牛粪含碳25%，与生物菌结合，蒜头大，品质好，色泽漂亮。常冲施生物菌，不施任何化肥都能高产。

植物诱导剂按 800~1 200 倍液叶面喷洒，可控制叶片过于肥大和徒长，提高光合强度 50% 以上，使营养往下转移，自然蒜头就能长大。即每亩用 50 克原粉，用 0.5 千克开水冲开，放置 24~48 小时，对水喷洒，合 25 元。

用 1 千克华通 EM 生物菌液与有机肥混合沤制，基施在田间再用 1 千克在大蒜烂母前冲入田间，解臭、避虫，防止飞虫在根茎处产卵生蛆。

钾素补充要先看有机肥施用量大小，如施用量少，一般可忽略不计，经常冲施 EM 菌，一季大概可产生可溶性钾 9 千克左右。亩产蒜头 2 000 千克、蒜薹 1 500 千克，尚需补充纯钾 10 千克左右，合含 45% 的硫酸钾 22 千克，合 80 元。

第三节 韭 菜

一、生根蛆的原因

韭菜叶至须根间有一个"葫芦头"，叫鳞茎，韭菜越冬前叶片上的营养通过鳞茎，回流到粗壮的须根内贮藏，翌年，立春后营养通过鳞茎，从须根往上转流，生长新鳞茎，俗称"跳根"。新生的鳞茎比老鳞茎高出 1 厘米左右，新生鳞茎至老鳞茎中间，重新长出新须根，老鳞茎和老须根腐败，继而产生臭味。而种蝇嗅到臭味，便选此处产卵生蛆，韭蛆在晋南 3—4 月为害为重，可造成缺苗断垄，严重影响韭菜的产量、质量。

二、有机韭菜防根蛆的办法

（1）日晒高温覆膜防治韭蛆。中国农业科学院蔬菜花卉研究所张友军报道了利用韭蛆不耐高温的特性，韭菜茬距地面 1 厘米左右，在 4 月下旬至 9 月中旬，选择光线强烈的天气，在韭菜畦上覆透明薄膜，让土壤 5 厘米深处持续高温 40℃ 以上 3

小时，可杀死韭蛆及卵等。

（2）生物菌防蛆法。在2月下旬至4月，韭菜老鳞茎腐烂前和腐烂中，每亩冲施华通EM生物菌液1千克，拌红糖1千克，对水10千克，存放在20~35℃环境中3~4天，防治根蛆。一是有益菌能将根部臭味转变成酸香味，不利于种蝇在此产卵、生蛆；二是有益菌可将卵分解，使卵壳不能钙化而长出若虫；三是有益菌能将根茎部土壤和植物所需营养调节平衡，增强抗病、抗虫性。久而久之，有机生物菌占领生态位，土壤透气性高，就不适宜病虫害发生，可从根本上解决根蛆为害蔬菜生长问题。

（3）硅营养防蛆法。硅元素能使作物表皮细胞硅质化，细胞壁加厚，角质层变硬，还能促进作物茎秆内的通气性，茎秆挺直，减少遮阴，促进叶片光合作用，不便于蛆虫为害。同时能使卵和蛆虫表皮钙质化，使卵难以破壳孵化，蛆虫活动力弱化，不便于蛆虫的生长发育。

陕西合阳植物营养研究所张志强报道，稻壳、麦壳、豆壳中含硅氧化物14.2%~61.4%。另据报道，稻壳的碳素物中含硅高达91%左右，在韭菜、大蒜田间施入这类物质，能增加土壤和植物体内的硅元素，避免蛆虫为害。

（4）物理防蛆法。每60亩菜田挂频振式杀虫灯或者微电脑自动灭虫灯一盏，在9月种蝇大量活动期，白天关灯晚上开灯，诱杀种蝇，可起到控制蛆虫为害的作用。

（5）生态防治根蛆法。注重施牛粪、秸秆肥及腐植酸有机肥，一是减少肥料臭味，二是耕作层透气性高，三是土壤中含碳、氢、氧元素丰富，利于高产，不利于种蝇产卵和蛆虫活动。有机韭菜、大蒜生产，禁止使用化学肥料和化学农药，鸡粪要用生物菌分解或者烘干处理后再用，就能从根本上解决根蛆的为害。

第十一章　有机蔬菜产品的认证

第一节　有机食品认证的基本要求

申请有机认证前的基本要求：建立完善的质量管理体系、生产过程中控制体系的建立、追踪体系的确立。

一、质量管理体系的基本要求

在申请有机食品认证企业（单位）前，需按《有机食品认证技术准则》的要求，建立并完善涵盖如下内容的管理体系。

（一）质量管理手册

质量管理手册是阐述企业质量管理方针目标、质量体系和质量活动的纲领指导性文件，对质量管理体系作出了恰当的描述，是质量体系建立和实施中所应用的主要文件，即是质量管理体系运行中长期遵循的文件。质量管理手册的主要内容包括：企业概况、开始有机食品生产的原因、生产管理措施、企业的质量方针、企业的目标质量计划、为了有机农业的可持续发展，促进土地管理的措施、生产过程中管理人员、内部检查员以及其他相关人员的责任和权限、组织机构图、企业章程等。

（二）操作规程

所有的操作规程都是为了将《质量保证手册》具体化的程序和方法的文件，必须经过企业（单位）内部的共同讨论通过并切实地实行，对于蔬菜生产主要包括以下规程：栽培操作规程、原料收获的管理规程、收获后的各道工序的规程、出货规程、机械设备的维修清扫规程、客户投诉的处理、给认证机构的报告及接受检查规程、记录管理规程、内部检查规程、教育培训规程。

(三) 记录完成和保存

文本及数据类文件的管理规程，如完整的生产和销售记录，要保存时间3年以上。

(四) 内部检查

涉及内部检查监督方法规程；对操作规程进行定期重新审阅、修订的规程；对生产过程进行检查和确认并提出改进意见的规程；对各类记录进行确认、签字认可规程等多个方面。

(五) 合同内容的确认

为确认和履行合同及订单要求的规程。

(六) 教育和培训

对本企业参与有机生产经营活动的所有成员进行必要的教育和培训。

二、生产过程控制体系

遵循《有机食品认证技术准则》的要求，建立并完善企业生产过程控制体系。

(1) 产品必须来自已建立的或正在建立的有机农业生产体系，或采用有机方式采集的野生天然产品。

(2) 加工产品所用原料必须来自已建立的或正在建立的有机农业生产体系，或采用有机方式采集的野生天然产品。

(3) 在整个生产过程中必须严格遵循有机食品生产、采集、加工、包装、贮藏、运输标准。

①有机食品在其生产加工过程中绝对禁止使用化学合成的农药、化肥、激素、抗生素、食品添加剂等，而普通食品则允

许有限制地使用这些物质。

②有机食品的生产和加工过程中禁止使用基因工程技术的产物及其衍生物。

③有机食品的生产和加工必须建立严格的质量跟踪管理体系，因此一般需要有一个转换期。

④有机食品在整个生产、加工和消费过程中更强调环境的安全性，突出人类、自然和社会的协调与可持续发展，在整个生产过程中采用积极、有效的生产措施，使生产活动对环境造成的污染和破坏减少到最低限度。

三、追踪体系

（一）追踪体系的概念

追踪体系作为食品质量安全管理的重要手段。国际食品法典委员会（Codex）的一个特别委员会对可追踪系统的定义为"食品生产、加工、贸易各个阶段的信息流的连续性保障体系"。可追踪系统能够从生产到销售的各个环节追踪检查产品，有利于监测任何对人类健康和环境的影响，通俗地说，该系统就是利用现代化信息管理技术给每件商品标上号码、保存相关的管理记录，从而可以进行追踪。

有机食品的可追踪是指从最终产品到原材料以及从原料到产品的整个过程，可以跟踪生产日期、生产及加工记录、原料到货记录、仓库保管记录、出货记录等各种记录和票据。

追踪体系是一个记录保存系统，可以跟踪生产、加工、运输、贮藏、销售全过程，是有机生产的证据，及检查员检查评估是否符合有机标准的重要依据，也是生产者提高管理水平的重要依据。对同时进行常规生产和有机生产的生产者，追踪体系尤其重要。参考有机认证中心建议生产基地农事活动记录表，建立跟踪审查系统。

(二) 追踪体系的意义

追踪体系的确立能带来如下的好处：最终产品出现违反准则的情况时，能方便对违规事项的原因查找；原因找到后，使需要回收货物的量最小；削减回收费用；因为能清楚地掌握原材料的出处，所以能分析、辨别所用原材料的风险度；能在记录上使最终产品的品质保证成为可能，符合 ISO 9001 系列及 HACCP 的要求。反之，如果产品未确立追踪体系时，一旦其最终产品发生问题就会遭受很大的损失。

(三) 追踪体系的要素

追踪体系的要素可分为种植业部分和加工部分。

(1) 种植业部分。该部分主要包括：地块分布图、地块图、产地历史记录、农事活动记录、投入物记录、收获记录、贮藏记录、销售记录、批次号以及经认证的投入物。

(2) 加工部分。该部分主要包括：有机原料的收购、运输和储存、加工过程、仓储、产品的销售、批次号和装箱单 (B/L)。

四、有害物质控制及卫生管理

(1) 加工常规产品的加工者在进行有害物质控制和卫生管理时，应以文件的形式记录应采取的附加措施，以保证有机产品在存储和加工时不会受到污染。

(2) 在检查生产记录时，应同时检查与同一生产进程式相关的有害物控制卫生管理文件。以确认跟踪记录与有机食品认证成品的一致性。

第二节 有机农产品的认证程序

按照农业部绿色食品、无公害农产品、有机食品认证工作

"三位一体、整体推进"的战略部署,逐步建立了以工作机构为主体、监测机构为支撑、专家队伍为补充的工作体系,建立了较为完善的认证程序。每个认证机构都有各自的一套认证程序,但都大同小异,基本都包括以下内容。

(一) 申请

申请者提出正式申请,向有机认证机构或其代理或分中心索取有机认证申请表、有机认证调查表、有机认证书面资料清单、有机生产技术准则等相关申请表格和文件。申请者填写申请表和调查表,按有机食品认证书面资料清单中的要求提供相关材料,同时按有机食品认证技术准则中的要求建立质量管理体系、生产过程控制体系、追踪体系。

(二) 预审、审查并制订初步的检查计划

有机认证机构或其代理或分中心对申请者材料进行预审。预审合格,根据申请人提供的项目情况,估算检查时间,并据此估算认证费用和制订初步检查计划,经综合审查做出"何时"进行检查的决定,并向申请者寄发受理通知书、有机认证检查合同;若审查不合格,当年不再受理其申请。

(三) 签订有机认证检查合同

申请者确认受理通知书后,与有机认证机构签订有机认证检查合同。根据《检查合同》的要求,申请者缴纳相关费用的50%~70%,以保证认证前期工作的正常开展。申请者指定内部检查员配合认证工作,并进一步准备相关材料。

(四) 实地检查评估

全部材料审核合格,认证机构在确认申请者缴纳颁证所需的各项费用以后,派出有资格的检察员进行实地检查。检查员从有机认证机构或其代理或分中心取得申请人相关资料,依据《有机食品生产技术准则》的要求,对申请者的质量管理体系、生产过程控制体系、追踪体系以及产地、生产、加工、仓储、运输、贸易等进行实地检查评估。必要时，检查员可对水、土、气及产品抽样，由检查员和申请者共同封样送指定的质检机构检测。

（五）检查报告

检查员完成检查后，按有机认证机构要求编写检查报告。检查员在检查完成后两周内将检查报告送达有机认证机构。

（六）综合审查评估意见

有机认证机构根据申请者提供的有机认证申请表、有机认证调查表等相关材料以及检查员的检查报告和相关检验报告等进行综合审查评估，填写颁证评估表，提出评估意见。有机认证机构将评估意见报颁证委员会审议。

（七）颁证委员会决议

颁证委员会定期召开颁证委员会工作会议，对申请人的基本情况及调查表、检查员的检查报告和认证中心的评估意见等材料进行全面审查，做出同意颁证、有条件颁证、有机转换颁证或拒绝颁证的决定。证书有效期为一年。

（1）同意颁证。申请内容完全符合有机食品标准，颁发有机食品证书。

（2）有条件颁证。申请内容基本符合有机食品标准，但某些方面尚需改进，在申请人书面按要求进行改进以后，亦可颁发有机食品证书。

（3）有机转换颁证。申请人的基地进入转换期一年以上，并继续实施有机转换计划，颁发有机食品转换证书。产品按"转换期有机食品"销售。

（4）拒绝颁证。申请内容达不到有机产品标准要求，颁证委员会拒绝颁证，并说明理由。

（八）颁发证书

根据颁证委员会决议，向符合条件的申请者颁发证书。有机认证机构与申请者签署认证协议，申请者缴纳认证费剩余部分，认证机构或证书申请者在领取证书之前，需对检查员报告进行核实盖章，或有条件颁证申请者要按认证机构提出的意见进行改进做出书面承诺。

(九) 有机食品标志的使用

根据有机产品认证书和有机产品标志管理章程，签订有机产品标志使用合同，办理有机标志的使用手续。

第三节 有机农产品标志的管理

有机农产品标志的使用涉及政府对有机产品或有机转换产品量的保证和对生产者、经营者及消费者合法权益的维护，是国家相关部门对有机产品或有机转换产品进行有效监督和管理的重要手段。获得有机农产品认证证书的单位或个人，应当建立标志使用的管理制度，对标志使用情况如实记录，登记注册并存入档案，存期三年，备以后查询。

获证单位或者个人应当按照规定在获证产品或者产品的最小包装上加施有机产品认证标志。可以将有机产品认证标志印制在获证产品标签、说明书及广告宣传材料上，并可以按照比例放大或者缩小，但不得变形、变色。在获证产品或者产品小包装上加施有机产品认证标志的同时，应当在相邻部位标注有机产品认证机构的标示或者机构名称，其相关图案或者文字应当不大于有机产品认证标志。

使用有机农产品标志的单位或个人，应当在有机产品或有机产品转换产品认证证书规定的产品范围和有效期内使用，不得超范围和逾期使用，不得买卖和转让。有机产品认证机构在做出撤销或暂停使用有机产品认证证书决定的同时，应当监督有关单位或个人停止使用，暂时封存或者销毁有机产品认证标志。

主要参考文献

宋秀敏.2018.日光温室有机蔬菜栽培技术［M］.赤峰：内蒙古科学技术出版社.

王迪轩，曹建安，谭卫建.2017.图说有机蔬菜栽培关键技术［M］.北京：化学工业出版社.

王立志，刘全国，张春芝.2017.有机蔬菜生产新技术200问［M］.北京：中国农业出版社.

杨合法，李季.2018.有机蔬菜生产技术指南［M］.北京：中国农业大学出版社.

中国绿色食品协会有机农业专业委员会.2019.有机蔬菜生产与管理［M］.北京：中国标准出版社.